ロケットを理解するための10のポイント

青木　宏 著
AOKI HIROSHI

森北出版株式会社

まえがき

なぜいま，ロケットなのか？

この原稿に取り組みながら，折しもH-ⅡAロケット30号機打上げ成功のニュースが伝わってきました．連続成功で性能も安定し，新聞紙面に大きく取り上げられることも少なくなりました．しかし，何回成功しても開発に携わった多くの当事者に安堵はありません．つぎの1機がうまくいくとは，だれも約束できないからです．

そんな危うげで，はかなげで，健気で，同時におそろしく高価ではあるものの，もとをただせばただの機械「ロケット」がどんな宿命のもとに生まれつき，たった1回はたらいた挙句にどうして海の藻屑となる運命なのか，振り返ってみたいと思います．実際，製品として完成したはずのロケットがなぜいまだに失敗するのか，その素性・因縁をうまく説明しきれず，苛まれる場面も少なくなかったのです．

できるだけ専門知識や数式に頼らずに，どうしたらその本質を直感として伝えられるか，本書はこんな課題・動機から生まれました．

でも，なぜそこまで遡らねばならないのか？

製品の生い立ちまで知らずとも，世の中の機械は，どこかの工場で完成し，マニュアルさえあればなにげに動かすことができます．実際，自動車もコンピュータも精緻化・高性能化の一途をたどり，同時にブラックボックス化が進んでいます．教習所で始業点検などと習いはしても，ボンネットを自分で開けたことのあるユーザは少数派かもしれません．むしろ，変に触ると保証が受けられなくなるおそれさえあります．

実は，わが国の打上げロケットにもそんな時代がありました．技術導入路線に方向転換して，アメリカのデルタロケットから派生したNロケットを打ち上げていた当時，国際契約上，分解の許されない装置・部品がたくさんありました．故障が起こっても，自前で調べて手を打つことはできなかったのです．推進薬注入バルブが動かず，打上げを断念して，原因を調べようとバルブのボルトを緩めたところで制止され，手つかずのまま製造国に送り返さねばならなかった苦い記憶が蘇ってきます．いまとなっては笑い話ですが，破壊工作ではないかと疑い，本気で犯人捜しまでしました．

そんな状態に飽き足らず，その後，海外導入技術を応用しつつも，自主開発・国産化を押し進め，世界水準に肩を並べるところまでたどり着きました．しかし，自前で究極のロケットを完成させたというおごりもあり，その後の発展は遅々として足踏み状態が続いてきたようにも思えます．

振り返って，H-Iロケット，H-IIロケットの完成には，それぞれ10年間近くを要しました．当時駆け出し気鋭のエンジニアの多くも引退の時期を迎えようとしています．またその間，航空宇宙の先端システムも巨大化の一途をたどってきました．その結果，システムの全貌を見通し，掌握することが難しくなっています．細かく分野別に専門化し，それぞれに最高性能の要素部品を組み上げたとしても，理にかなった最適なシステムが完成するわけではありません．とくに，ロケットエンジンに注目すると，一部の過剰設計はどこかに限界設計を強いる原因にもなりがちで，個々の部品に目を配りつつも，全システムを見通して余裕とリスクをきわどく配分することが必須となっています．当然ながら，木も森も，あるいは山までも，すべてに目が行き届かねば，ほころびや弱点ができてしまい，いつか手痛い失敗の原因となるのです．そこで本書では，ロケットの個別技術ではなく，全体を俯瞰的にとらえて説明を試みます．

ロケットばかりではありませんが，現在の形に到達したその生い立ちや素性，因縁を思い起こせば，その過程には，累々と試行錯誤や葛藤が埋もれています．その判断の当否，また時代の制約や限界などを見抜き，超越して初めて，次世代に向かう進化・飛躍も生まれるはず，と思えるのです．

本書では，開発当事者が躓きながらも歩んできた葛藤と試行錯誤の顛末を反芻し，ロケットの基本原理や設計開発のあらましを10章に整理を試みました．

第1部では，ロケットのどこが身の回りの機械類と異なるのかを知ってもらうために，基本となるロケットの力学，ロケット本体の構造や打上げの仕組み，ロケット開発プロジェクトの概要の3点について記述しています．

第2部では，将来宇宙輸送分野を志すかもしれない若手読者向けに，とくに液体ロケットエンジンの設計について，深く踏み込んでいます．これは，筆者の専門であることに負う部分も大きいのですが，それ以上に，エンジンや推進系の出来不出来がロケットの運命を左右するからにほかなりません．ここで，わが国の主力ロケットの断面図を示します（図0）．

全備質量285トン（衛星含まず）のロケットも，液体推進薬充填前には167トン，さらに固体ロケットブースタ2本を取り外すと，わずか32トンしかありません．その容積の大部分は，アルミ飲料缶にも例えられる推進薬タンクですが，図のとおり，向

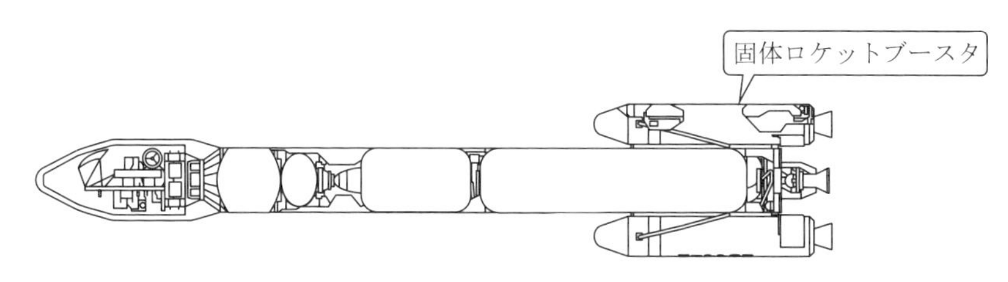

図 0　H-IIA ロケット断面図（全長 53 m）

こうが透けて見えるほどほとんど「空洞」で，中身の詰まった部分はエンジンや搭載電子機器などの一部に過ぎません．実際，打上げに失敗して大損害を発生する，その原因の 6〜7 割は，エンジンや推進系のトラブルによるものです．そのため，本書の第 2 部ではエンジン設計について正面からの説明を試みています．少々難しい話題も含みますが，ロケットの抱える危うさを理解するためには避けて通れなかったのです．

さて，わが国の主力ロケットは，すでに地球低軌道，静止軌道，月軌道に到達し，その気になれば，太陽系内に人間の五感に替わる探査機を送り込むことも可能です．しかし，その先に目を転ずれば，目前の夜空にさざめく恒星の一つにさえ，とても手の届かないのが実情です．新規ロケットの開発，たった 1 サイクルにさえ，ただならぬ出費と 10 年近くもの年月がかかることを考えると，世代を超えてたゆまぬ意志を継承できなければ，宇宙へ向かう新しいチケットを得られないことは明白です．いつか，11 章から先の展開が追記されることを期待しつつ，最初の章に取り掛かります．

本書は，わが国の打上げロケット・エンジンの開発実務に携わった経験をもとに，10 年にわたって担当した東京大学工学部航空宇宙工学科「ロケットエンジンの構造と設計」講義録に基づき，そのエッセンスを抜粋したものです．

2017 年 1 月

著　者

目 次

第1部 なぜ，ロケットだけが宇宙に届くのか？ ―その原理と条件―

【宇宙を天翔けるための基本 ―ロケット力学入門―】

第1章 宇宙空間で推進力を得るには？ ―自分の一部をちぎって投げる― **3**
1.1 高速噴射が命 ―身を削るにもほどがある― ……… 3
1.2 なにを噴射すればよいか？ ―実は，なんでもよい― ……… 4
1.3 宇宙エンジンの公称燃費 ―比推力 I_{sp}― ……… 5
コラム1 母機を放出して減速する：旧ソ連ルナ9号 ……… 7

第2章 宇宙軌道に到達するには？ ―極限までの軽量化― **8**
2.1 地球低軌道（LEO）にたどり着くには？
―どうにもならぬ地球のご都合― ……… 8
2.2 ロケットはどこまで増速できるか？
―推進薬以外は積まないのが一番― ……… 9
2.3 エネルギー最小の軌道をたどる ―ホーマン軌道― ……… 11
2.4 地球静止軌道（GEO）を越えて ―ゴールは地球軌道とは限らない― 13
2.5 輸送エネルギーマップから見えること ―井戸の底の人類― ……… 14
コラム2 手塚治虫「火の鳥」の暗示 ……… 15

【ロケットの基本 ―構造と打上げ―】

第3章 ロケットの仕組み ―鍵を握るのはロケットエンジン― **16**
3.1 ロケットの全体構造 ……… 16
3.2 エンジンの構造と原理 ……… 18
3.3 水素の特徴 ―もっていくには液化が必須― ……… 18
3.4 水素エンジンの技術課題 ―結局，自分（水素）で冷やすしかない― 20
3.5 世界初の水素エンジン RL10 ―夢の多芸エンジン― ……… 21
3.6 水素エンジンの発展 ―蒸気エンジン全盛に至る― ……… 23
3.7 わが国の水素エンジンの創始 ―なぜ，水素を選んだか― ……… 25

第4章　ロケットを打ち上げる　―ロケットは水平線に沈む―　**27**
4.1　打上げ軌道の設計　―東に打つと，465 m/s（@赤道）得をする―　……　27
4.2　打上げロケットの構成　―GF はロケットの総合効率―　……　30
4.3　航法・誘導・制御　―自動車ナビでも活躍―　……　32
4.4　打上げの実際　―時速 28,000 km まで 15 分で加速―　……　35
4.5　ロケットはどのように進化するか？
―いつまでも使い捨てのはずはない―　……　40

【ロケットおよびロケットエンジンを完成させるには？　―プロジェクト推進入門―】

第5章　ロケットエンジン開発計画とその実際　―ぶれることは許されない―　**45**
5.1　プロジェクトとはなにか？　―新しい価値を創造する―　……　46
5.2　開発の手順・ステップ　―近道・定型はないけれど…―　……　49
5.3　開発体制　―体制・組織も開発対象―　……　54
5.4　LE-5 エンジン開発の事例　―液体水素ことはじめ―　……　55
5.5　LE-7 エンジン開発の事例　―世界の第一線をめざして―　……　57

第6章　どんなトラブルが待っていたか？　―予想したトラブルは起こらない―　**60**
6.1　故障・トラブルにどう取り組むか？　―必ず原因がある―　……　60
6.2　二重三重の安全対策　―実験設備の屋根は吹き飛ぶようにつくる―　…　61
6.3　故障・事故事例　―液体水素温度では，酸素も窒素も凍りつく―　……　65
6.4　H-Ⅱ 5 号機打上げ失敗　―燃焼ガスが壁隙間を貫通―　……　70
6.5　H-Ⅱ 8 号機打上げ失敗　―LE-7 の心不全が原因―　……　70

第2部　新しいロケットエンジンを設計する
―ロケットエンジン設計入門―

第7章　ロケットのどこが壊れるのか？　**77**
7.1　事故の洗礼　―新入職員の驚愕―　……　77
7.2　エンジン全損に至る　―日米，同じ苦難をたどる―　……　78
7.3　エンジンの技術相場　―エンジン質量と発生馬力の関係―　……　80
コラム3　ロケットエンジンのパワーの換算方法　……　81

第8章　液体ロケットエンジンのシステムを組み上げる　―目標は 10 年先の新製品―　**83**
8.1　mission・機体全体からの設計要求　―成否を握るエンジン性能―　……　83
8.2　推力と比推力　―規模と質の関係―　……　85
8.3　推進薬および混合比の選定　―骨格は，とどのつまり酸素と水素―　…　86

8.4　エンジンサイクルの選定
　　—タービン駆動パワーをどこからひねり出すか？　— …………………… 89
コラム 4　あらかじめ推進薬を混合しておく，その試みに彼は殉じた ……… 92
8.5　燃焼圧力の選定　—欲張ると，ターボポンプが追いつかない— ……… 93
8.6　ノズル膨張比と剥離限界　—性能を欲張ると，本当に潰される— …… 95
8.7　ターボポンプ吸込み性能　—文字どおり，ロケットの軽重を左右する— 101
8.8　統合化・最適設計　—こちらを立てると，あちらが立たず— ………… 106

第 9 章　燃焼器を設計する　—推進力の源泉— **110**
9.1　噴射器　—酸素と水素がご対面— ……………………………………… 111
9.2　燃焼室　—過大熱応力で，裂けるのは時間の問題— …………………… 114
9.3　膨張ノズル　—別名ノズルスカート，まさに芸術品— ………………… 117
9.4　理論燃焼特性
　　—いまや，理論解析ツールは WEB 上に公開されている— ……… 118
コラム 5　目に見えるノズルの性能 ……………………………………… 121

第 10 章　ターボポンプを設計する　—ロケットエンジンの心臓— **122**
10.1　ポンプ（昇圧装置）　—回転流れを圧力に変える変換器— ………… 122
10.2　タービン　—高さ数 cm の翼 1 枚が，数百馬力を発生する— ……… 125
10.3　燃料（水素）ターボポンプ　—室温で回すと，遠心破壊する— …… 128
10.4　酸素ターボポンプ　—発火すると，設備まで燃え尽きる— ………… 131
10.5　旧ソ連製ターボポンプの特徴　—軽量よりも簡潔さ？— …………… 133
コラム 6　ロケットエンジンサイクルの見分け方 ………………………… 134

終の章　宇宙輸送の将来　—大航海時代に向かって— **136**
コラム 7　ボイジャー探査機の行方 ……………………………………… 138

あとがき **140**

参考文献 **142**

索　　引 **145**

第1部

なぜ，ロケットだけが宇宙に届くのか？
―その原理と条件―

宇宙を天翔けるための基本 ―ロケット力学入門―

第１章　宇宙空間で推進力を得るには？
第２章　宇宙軌道に到達するには？

ロケットの基本 ―構造と打上げ―

第３章　ロケットの仕組み
第４章　ロケットを打ち上げる

ロケットおよびロケットエンジンを完成させるには？ ―プロジェクト推進入門―

第５章　ロケットエンジン開発計画とその実際
第６章　どんなトラブルが待っていたか？

ひと昔前には，真空中を航行できる乗り物は実現不可能と思われていました．手がかりがないところをどうやって泳ぐんだ？ というわけです．いまや，ロケットの打上げは実況中継され，ほとんど大気のない高空をまごうかたなく上昇加速していきます．その昔，「どのような原理でそれが可能なの？」と子供に聞かれたことがあります．答えるのは容易ではありません．そのときには「尻に火がつくとなんでも飛び上がる」とお茶を濁して顰蹙を買いました．この答えは間違いで，実は「火」がつく必要はないのです．また，高度を稼ぐにはひたすら真上に打ち上げればよいのでしょうか？ それでは，燃料が尽きた後，いつか落ちてきます．このように，宇宙（無重力や真空環境，あるいは天体重力場）の力学は，なかなか常識や直感では測れません．

第1部では，唯一宇宙にたどり着くロケット推進の原理，軌道設計の基本，打上げ方法の実例を手始めに，実際のロケット開発の実態について解説します．

第1章 宇宙空間で推進力を得るには？ ―自分の一部をちぎって投げる―

ところで，わが国の主力ロケットは，水を噴射して飛んでいるペットボトル水ロケットと本質的に同格といったら意外でしょうか？

実は，世界中の高性能打上げロケットのかなりの数が，日本と同様に「水 = 水蒸気」を使って飛んでいます．しかも，この水蒸気エンジンが実現して初めて，人類が月面に到達できる可能性が生まれた，とさえいえるのです．その必然性を理解するには，宇宙で推進力を獲得する基本に立ち戻らねばなりません．

1.1 高速噴射が命 ―身を削るにもほどがある―

足掛かりのない宇宙空間で増減速・方向転換など機動（マヌーバ）するためには，反作用を用いるしかないことはよく知られています．宇宙空間では，泳いでみても，体を振ってみても，移動することはかなわないのです．唯一，めざす方向の逆向きに「なにか」を投げつける，あるいは置いて蹴飛ばすことによって動き始めることが可能です．そこでの「なにか」とは，自分の身の回り以外にはないわけで，身を削って初めて推進力を発生させることができます．図 1.1 では，本体の一部をはじき飛ばして推進力を得るロケット推進の原理を示しています．

推進力を持続させるには，当然投げ続けなくてはなりません．そのとき，発生する平均推進力 F [N]は，単純に単位時間に投げ捨てた質量 m [kg/s]と，投げた速度 c [m/s]の積で表されます．

$$\text{推進力 } F\ [\mathrm{N}(=\mathrm{kg{\cdot}m/s^2})] = \text{放出質量 } m\ [\mathrm{kg/s}] \times \text{放出速度 } c\ [\mathrm{m/s}]$$

したがって，より大きな推進力を稼ぐためには，質量 m，速度 c のどちらか，あるいは両方を増やしてやればよいことになります．

単純な積ですから，数学的にはどちらを増やしても効果は変わりません．ところが質量 m は自分の身を削った「虎の子」なので，こちらを奮発すると，あっという間に

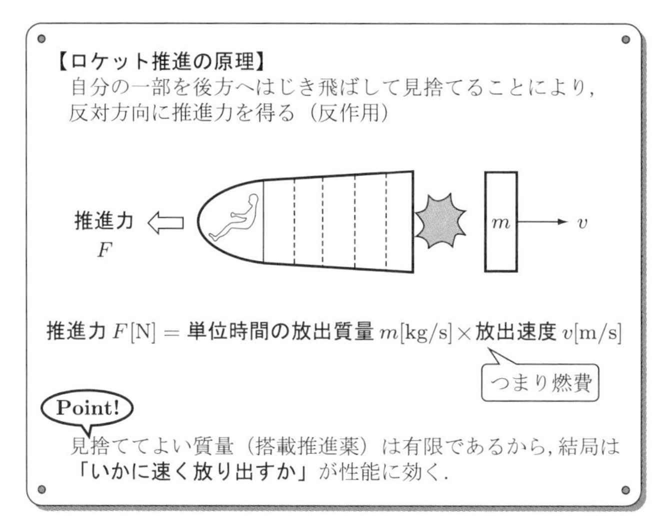

図 1.1　ロケット推進の基礎 (1)

自身がやせ細って，なにを運んでいるかわからなくなってしまいます．

そこで，高性能宇宙エンジンは，もっぱら放出速度 c で推進力を稼ぐ方向に発達してきました．とはいえ，機械的に投げつけたくらいでは，なかなか速度 c を稼ぐことはできません．たとえば，野球の投手が宇宙ステーションから1秒ごとに1球剛速球を投げ続けたとしても，平均して6 N（～600 gf）程度の推進力にしかならず，これは実際の打上げロケットの推進力より4～5桁小さい値です．実際には，ガスを膨張させて超音速の流れをつくり出し，一方向に整流して連続噴射することが，実用ロケットエンジンの基本原理となりました．その高温ガスの発光が炎として見えているわけです．

1.2　なにを噴射すればよいか？　―実は，なんでもよい―

噴射材料は，加速しやすい物質であればなんでもかまわないのですが，できるだけ安全にコンパクトに格納しておいて，噴射直前の一瞬に爆発寸前まで膨張させるには，燃焼反応（化学反応）を利用することが一番です．こうして「燃料」と「酸化剤」の組合せを用いる化学ロケットエンジンが，唯一打上げ推進装置として実用化されました（帯電粒子の流れを利用する「電気推進」も実用化されていますが，推進力の絶対値が小さく，到底自重をもち上げることはできません）．

図 1.2　ツィオルコフスキ (1857-1935)

このロケット推進の原理は，いまから 100 年以上を遡る 1903 年，ロシアの片田舎の中学校教師であったツィオルコフスキ（図 1.2）によって，論理的に解明・確立されました．この前後に，ライト兄弟が有人動力初飛行に成功していますから，歴史に輝く特異な時代と思えてなりません．

さて彼は，その論文の中で，もっとも放出速度（噴射速度）c の高い推進装置として，水素を燃料としたロケット推進を予言しました．酸素と水素の燃焼生成ガス，すなわち水蒸気は，平均分子量が小さく加速しやすいため，真空中の噴射速度は $c > 4{,}500$ m/s（時速 16,200 km）にも達します．

高速で噴射すれば，大きな推進力を得ながらも噴射質量 m を節約・温存できるわけですから，良燃費を実現できます．燃料スタンドを期待できない宇宙空間で，燃費は最優先の性能指標でした（1 缶のガソリンで，茫洋たる砂漠横断に挑む自動車を想像してください）．

1.3　宇宙エンジンの公称燃費 ―比推力 I_{sp}―

燃費を表す指標には，一般に比推力（I_{sp}：specific impulse）を用います．燃費は噴射速度そのものなのですが，習慣的に噴射速度を地球上の重力加速度 g [m/s^2]で割り算した値を「s（秒）」の単位で示します（図 1.3）．

$$\text{比推力}\, I_{sp}\ [\mathrm{s}] = \frac{\text{噴射速度}\, c\ [\mathrm{m/s}]}{g\ [\mathrm{m/s^2}]}$$

$$\text{地球上の重力加速度：}\ g = 9.807\ [\mathrm{m/s^2}]$$

ところで，前述のとおり，

$$\text{推進力}\, F\ [N] = \text{放出質量}\, m\ [\mathrm{kg/s}] \times \text{放出速度}\, c\ [\mathrm{m/s}]$$

ですから，両式を用いて変形すると，

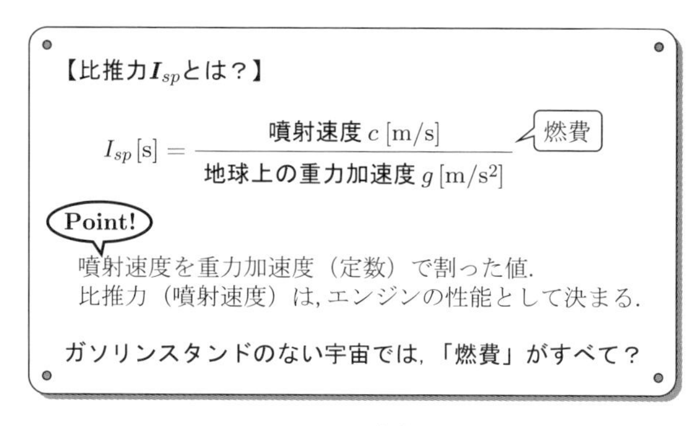

図 1.3　ロケット推進の基礎 (2)

$$\text{推進力}\, F\ [\mathrm{N}] = I_{sp}\ [\mathrm{s}] \times m\ [\mathrm{kg/s}] \times g\ [\mathrm{m/s^2}]$$

となります．ここから，特定天体（地球）の定数を用いて時間の単位に換算する意味が出てきます．つまり，地球発の打上げロケットに，何秒分の推進薬を搭載できるか，比推力 I_{sp} とは，燃焼時間の上限を表す値でもあるのです．エンジンの推進力を上回る質量のロケットを地表から打ち上げることはできません．当然ながら，機体がもち上がらないからです．

$$\frac{F\ [\mathrm{N}]}{g\ [\mathrm{m/s^2}]} = I_{sp}\ [\mathrm{s}] \times m\ [\mathrm{kg/s}] > \text{ロケット質量}\, M_0\ [\mathrm{kg}]$$

一方，ロケット全備質量が推進薬搭載質量を上回ることは明らかなので，

$$\text{ロケット質量}\, M_0\ [\mathrm{kg}] > \text{推進薬搭載質量} = m\ [\mathrm{kg/s}] \times \text{燃焼時間}\, t\ [\mathrm{s}]$$

したがって，

$$I_{sp}\ [\mathrm{s}] > \frac{\text{ロケット質量}\, M_0\ [\mathrm{kg}]}{m\ [\mathrm{kg/s}]} > \text{燃焼時間}\, t\ [\mathrm{s}]$$

が絶対条件となります．I_{sp} [s]の値以上に余分の推進薬を搭載しても，その分，地上に居座って燃え続け，軽くなったところでやっと飛び上がることになり，意味がありません．地上から打ち上げるエンジン（I_{sp} @海面 = 400 s）を例にとると，400 秒間燃える以上の推進薬を機体に搭載することはできません．それどころか，実際の燃焼時間は 350 秒程度に抑え，抑えた余裕分が，構造質量，搭載衛星の質量などに置き換わることになります．

結局，比推力 I_{sp}（$\propto$ 噴射速度，燃費）の低い打上げロケットとは，本質的に長く燃やすに足る推進薬を搭載できないロケットでもあるのです．したがって，打上げ時に不足する推進力を短時間補うために，瞬発力が取り柄の固体ロケットブースタがし

ばしば使われることになるわけです．

このように，より大きな噴射速度を稼ぐために，平均分子量の小さい推進薬を選び，かつ高温・高圧で燃やして大膨張加速（高膨張比）させることが，宇宙エンジン設計の宿命となりました．

コラム1 母機を放出して減速する：旧ソ連ルナ９号

獲得できる推進力は，放出質量と放出速度の積ですから，推進薬を使い果たした挙句には，身の回りの不要品すべてを放出して推進力に変換することは，なかなか理にかなっています．自己消滅型ロケットは，究極の加速装置ともいえます．

その応用例として，旧ソ連のルナ９号を紹介します．史上初めて，月面に軟着陸を果たした探査機で，その軟着陸のあらましは図 1.4 のとおりです．

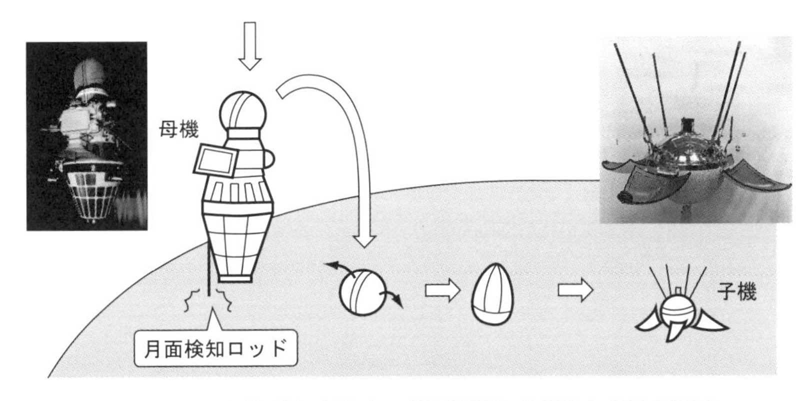

図 1.4 ルナ９号（旧ソ連）初の月面軟着陸（1966 年２月３日）†

ルナ９号の本体着陸部分は図中の子機（直径 58 cm，100 kg）に相当するのですが，母機に搭載されたまま，月面に向けて降下します．減速用の推進エンジンは母機に装備されており，減速に推進薬を使い切った後には，月面側に月面検知ロッドを伸ばします．ロッドの先端が，月面に接触した瞬間に母機は子機を上方に跳ね飛ばします．母機は，その分加速して月面に激突しますが，相対的に減速された子機（ルナ９号本体）は，ころころと月面を転がり，やがて無事にカプセルを展開します．言い換えれば，母機を質量として放出し，軟着陸を果たした究極の減速方法といえます．

２段式水ロケットを打上げた経験のある方はご存知かもしれません．１段を分離した上段水ロケットはおどろくほどの勢いで上昇しますが，これは水と一緒に１段空機体を蹴飛ばして加速する結果です．これも，分離機体そのものを放出質量に使った好例といえます．

† 母機の写真：© Pline, CC BY-SA 2.5
https://commons.wikimedia.org/wiki/File:Luna_9_Musee_du_Bourget_P1010505.JPG

第2章 宇宙軌道に到達するには？ ―極限までの軽量化―

2.1 地球低軌道（LEO）にたどり着くには？ ―どうにもならぬ地球のご都合―

ロケットが宇宙軌道に到達するには，半端ならない増速力が必要です．大気抵抗を無視できる軌道高度はおよそ 200 km 以上で，まずこの地球の駐車場ともいえる低軌道（LEO：low earth orbit）に到達することが最初の関門となります．この地球周回に必要な速度（第 1 宇宙速度）の約 7,800 m/s† （時速 28,000 km：音速のおよそ 23 倍）まで増速するには，重力損失，制御損失，大気抵抗分を補う必要もあるため，およそ 9,000〜10,000 m/s もの正味増速能力が必要です．図 2.1 には，一般式を示したうえ，地球の質量・半径などの値を代入し，周回軌道速度の導出過程を示しました．

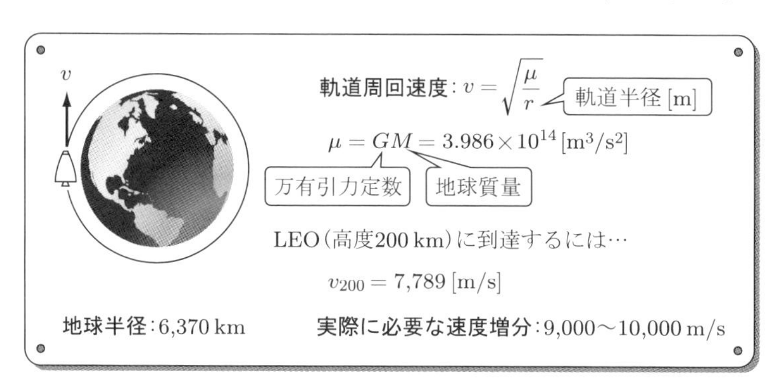

図 2.1　LEO に到達するには？

実は，人工衛星も，地球の重力に引かれて落下し続けています．地球面が水平面であれば，いつか必ず落下・衝突しますが，球面であるため，一定以上の水平速度があ

† 月面から月周回軌道へはおよそ 1,700 m/s，火星では同じく 3,400 m/s の増速が必要です．地球半径が約 6,400 km，月半径が約 1,740 km，火星半径が約 3,500 km で，それぞれ軌道速度と似通った数字になっていますが，実は，天体の比重がおよそ 3.6 のとき，原理的に天体の半径（km）と周回軌道速度（m/s）が近い値になるという関係があります．

れば，周回し続けることになります（どこまで落ちても，地面がありません）.

航空機で高空まで飛行した後に空中発射するエアロンチ（air launch）も，現状，大型航空機の巡航速度はせいぜい音速以下（300 m/s 程度）ですから，速度を稼ぐ目的としては，地球自転速度ほど（465 m/s @赤道）の稼ぎにもなりません．より高速の母機がほしいところです.

2.2 ロケットはどこまで増速できるか？ ―推進薬以外は積まないのが一番―

では，どのくらいの燃料を積めば安定な周回軌道に到達できるのでしょうか？ 無重量・真空空間で，燃料満載した静止状態（初期質量 $= M_0$）からガス欠状態（質量 $= M_f$）までフル増速して到達できる最終速度 V_f は，やはりツィオルコフスキが定式化しており，次式で表されます.

$$\text{ツィオルコフスキの式}\quad V_f = I_{sp} \times g \times \ln\left(\frac{M_0}{M_f}\right)$$

$$= I_{sp} \times g \times \ln\left(\frac{1}{1-\lambda}\right) \quad (\ln \text{ は自然対数})$$

$$\text{推進薬質量比：}\lambda = \frac{M_p}{M_0}$$

$$\text{推進薬質量：}M_p = M_0 - M_f$$

導出の過程を図 2.2 に示します．初歩の積分で導き出せるので，ぜひ試してみてください．ここで，T：時間，V：速度，M：質量で，t は任意の時間を示しています．任意の時間 t から微小時間 Δt が経過する間に，$-\Delta m$ の推進薬を $c = I_{sp} \times g$ の速度で噴射し，機体は Δv だけ加速します（噴射推進薬は，機体質量から減る方向であるため，Δm は負の値と定義していることに注意ください）．この間，全体の運動量は保存されるため，以下の式が成立します.

$$m \times \Delta v = -\Delta m \times g \times I_{sp} \quad (\text{運動量保存則})$$

左辺の速度変化分 Δv を，時間 $T = 0$ からガス欠時間 $T = t_{final}$ まで合算（積分）すると，全速度増分 ΔV が得られることにツィオルコフスキは気づいたのです.

驚くべきことに，初期質量 M_0 を一定と考えると，エンジン比推力 I_{sp}（噴射速度 c に比例する）をいかに向上させるか，ガス欠時の最終質量 M_f をいかに軽量化するかだけで，増速性能は決まってしまうことがこの式からわかります．これが，燃料に水

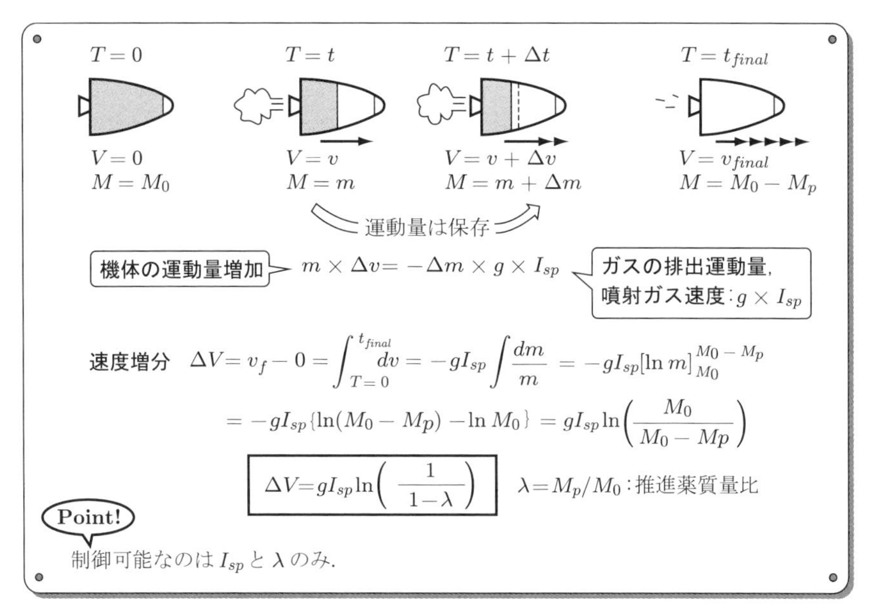

図 2.2　ツィオルコフスキの式の導出

素を用い，また極限までエンジンやタンクを軽く仕上げて，推進薬搭載割合を向上させねばならない理由です．そこまでしても，このロケットにいざ衛星を搭載すると，M_f は一挙に増大し，増速能力は劣化します．たとえば，上段機体（全備質量 20 トン）の枯渇時質量が 3 トン程度とすると，単独では ΔV〜8,400 m/s まで増速できますが，10 トン衛星を搭載すると全備質量 30 トン，枯渇時質量 13 トンとなり，とたんに ΔV〜3,700 m/s まで性能低下します．

現状で最高性能の水素をもってしても，単段で稼げる増速分では，実用上，軌道には到達できません．全備質量の 8 割まで推進薬を満載し（ロケット以外に，こんな輸送機械はありません），かつ 450 秒の比推力をもってしても，到達最終速度は 7,200m/s 程度にしかならず，どう頑張っても地球周回軌道速度 7,800m/s には届きません．結局，大型親ロケットの貨物として，小型「子」ロケットと衛星を積み重ねる 2 段式ロケット，さらに「孫」ロケットを重ねて多段構成に組み上げたうえ，推進薬が空になった大型下段から順次切り捨て，増速すべき質量をその都度最小化することによって初めて，最終貨物（ペイロード: payload）である衛星をようやく軌道速度まで増速できるのが実情です．

2.3 エネルギー最小の軌道をたどる ―ホーマン軌道―

いままではLEOへの到達を考えていましたが，つぎにLEOからより遠い静止軌道へどのようにして移るかについて考えましょう．燃料は有限なので，できるだけ有効に使う必要があります．図2.3，2.4に示すように，必要エネルギーが最小となる「ホーマン軌道（長楕円遷移軌道）」を経由して，より高い円軌道に遷移していくことが基本です．

地球低軌道（LEO：高度〜200 km）と静止円軌道（高度〜36,500 km）の両方に接する長楕円軌道の速度分布は，以下の式から算出可能です．

$$v^2 = 2\mu\left(\frac{1}{r} - \frac{1}{2a}\right)$$

r：楕円軌道上任意点の地心からの距離[m]

a：楕円軌道上の長半径[m]

$2a = 200$ km + 地球直径 12,740 km + 36,500 km $= 4.944 \times 10^7$ [m]

以下概算ですが，地球低軌道と接する近地点（perigee）での速度v_pは，$r = 200$ km + 6,370 kmを代入し，$v_p = 10{,}257$ m/sとなります．同様に，静止軌道と接する遠地点（apogee）での速度v_aは，$r = 36{,}500$ km + 6,370 kmを代入し，$v_a = 1{,}572$ m/sです．このように，楕円軌道上では，速度が刻々変化することに注意ください．これは，周回運動の原因となる質量源地球との距離が変化する結果，位置エネルギーと速度エネルギーの変換が行われるためにほかなりません．簡単にいえば，「ブランコ」と同じです．ぜひ，そのつもりになって周回をイメージしてみてください．

ここで，ロケットの軌道遷移に戻ります．後ほど，「**第4章 ロケットを打ち上げる**」で言及しますが，まず7,800 m/s（計算上は7,789 m/s）まで加速し，LEOに到達していることが前提です．図2.3に示すとおり，①周回している円軌道の1点（近地点）でエンジンを噴射して進行方向（＝接線方向）に2,468 m/sだけ加速すると，$v_p = 10{,}257$ m/sまで増速し，②静止円軌道に届く長楕円軌道（GTO: geosynchronous transfer orbit）に遷移（乗り換え）します（近地点キック）．そのままでは，高度が上がるにつれて徐々に速度低下し，長楕円軌道の頂点（遠地点）で，$v_a = 1{,}572$ m/sまで減速した後，また加速して同じ近地点に戻る繰返しとなってしまいます．そこで図2.4に示すとおり，③遠地点で，エンジンを再び噴射して進行方向（＝接線方向）に1,477 m/sだけ加速すると，静止軌道周回速度$v_s = 3{,}049$ m/sに達し，静止軌道

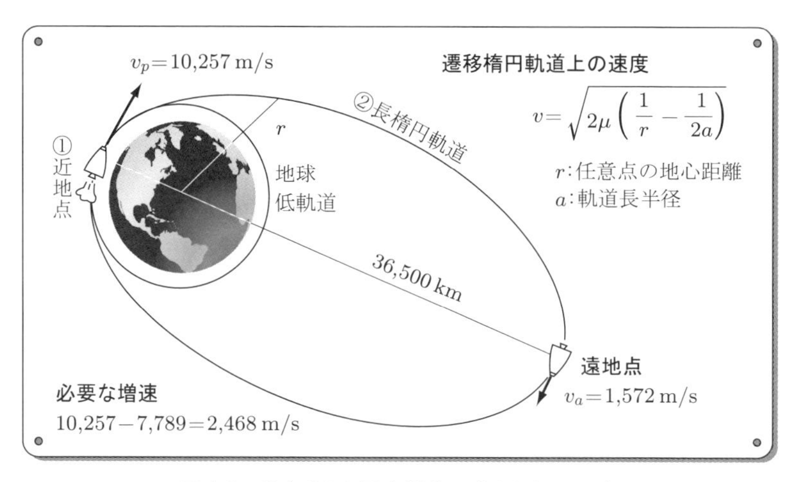

図 2.3　駐車場から遷移軌道へ（近地点キック）

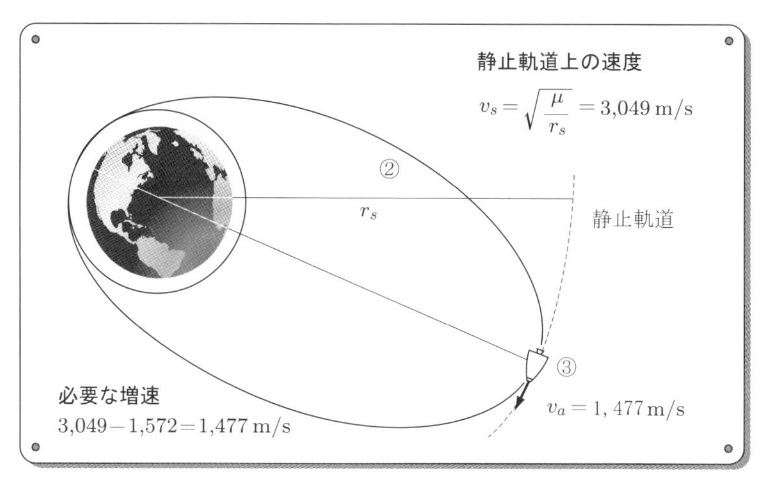

図 2.4　遷移軌道から静止軌道へ（遠地点キック）

（GEO：geostationary earth orbit）へ遷移します（遠地点キック）．このように，行きたい方向へまっすぐ加速すればよいわけではありません．結局，合計 13,400 m/s の増速性能が必要となることがわかります．

2.4 地球静止軌道（GEO）を越えて　―ゴールは地球軌道とは限らない―

地球軌道が宇宙開発のゴールではありません．さらに，月軌道に向かうにはどうでしょうか？　さらに深宇宙では？　必要な速度増分を図 2.5 に示します．

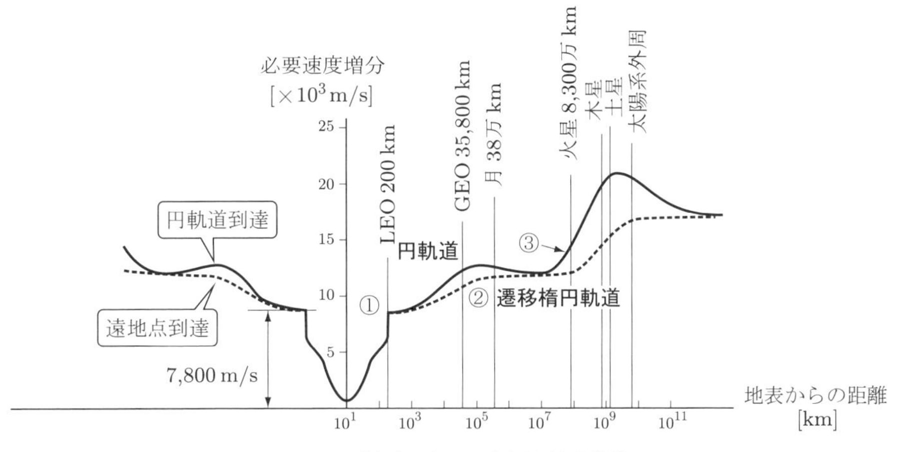

図 2.5　到達するために必要な速度増分

横軸には，地球表面からの高度（～距離：km）を対数目盛で示しました．縦軸は，その距離に到達するのに必要な速度増分（m/s）を示しています．高度 200 km 付近までは，大気抵抗が無視できず，安定軌道がないため，替わりにロケットの上昇軌跡①を挿入しました．破線②は遷移楕円軌道の頂点が目標高度に達する条件で，実線③は目標円軌道投入に必要な遠地点増速分を加算しています．さらに，宇宙空間は立体，

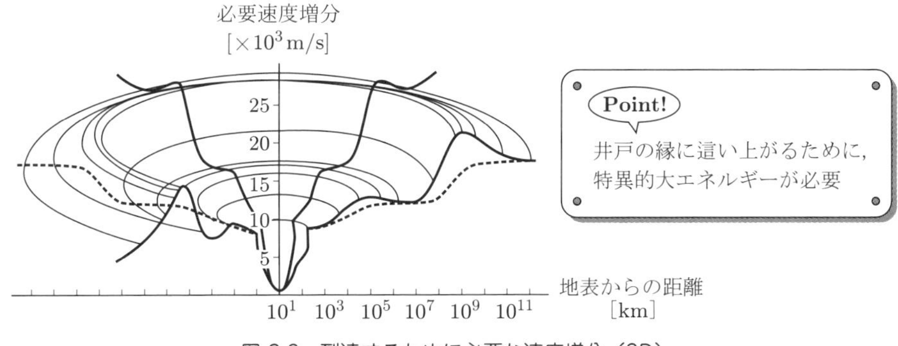

図 2.6　到達するために必要な速度増分（3D）

3次元ですから，地球中心にぐるりとグラフを回転させてみました．これで，宇宙空間の任意高度到達に必要なエネルギー（必要速度増分）マップができたことになります（図2.6）．地球を出発して遠くの宇宙をめざすことは，図に示すエネルギーの井戸からどこまで這い上がるか，とみなすこともできます．

2.5　輸送エネルギーマップから見えること —井戸の底の人類—

地球の直径を128 cmに換算すると，わずか高度2 cmにしかならない地球低軌道への到達に，尋常ならぬ大エネルギーを消耗することがわかります．そこで，以下のようなことが考えられます．

(1) 私たちは，位置エネルギーの「**井戸の底**」に住んでおり，わずか地球低軌道に到達するにも**特異的大エネルギー**が必要．
(2) 軌道に到達できる質量は，打上げ全質量の4%以下．
(3) 地球低軌道までの輸送費/kgは，現状では「**金**」の価格/kgにも匹敵．ペイロードのみが軌道到達に値する．
(4) いったん軌道に到達した質量は，**軌道上資源**．軌道上で繰返し利用を図ることが合理的(例：水1杯=40〜50万円．デブリ(ゴミ)だなんて，とんでもない)．
(5) 地上にもち帰るべきは，「**要員**」「**希少製品**」「**情報**」．「情報」だけなら，乗り物は不要．まずは，低軌道まで，効率的にもち上げたい．→ 実現すれば，飛び道具や乗り物が不要となる「宇宙エレベータ」にはおおいに期待．

いったんLEOまで這い上がれば，そこから先しばらくはエネルギーの平原が続く．さらに，その先にはもう一山あるのですが，ここは，太陽の強大な重力に逆らって行程を伸ばす領域です．幸いなことに，登山口に火星が存在し，補給ができます．さらに，その近傍に土星，木星といった巨大惑星が存在し，うまくその重力に引っ張ってもらえば，推進薬を使わずに加速（swing-by）することができます．まさに，急場の助っ人です．こうして，宇宙規模でみれば，まずは地球のわずか近傍の駐車場（パーキング軌道＝LEO）に到達することが，人類が宇宙に進出するうえで最大の関門になっていることがわかります．

コラム２　手塚治虫「火の鳥」の暗示

H-Ⅱロケット打上げの初期，種子島宇宙センターでマスコミ向けの打上げ解説を担当しました．トラブル遅延の合間に，この宇宙輸送エネルギーマップを紹介したことがあります．

「人類は，エネルギーの井戸の底に住んでいて」とお話ししたところ，一人の女性記者さんから「この話は，以前聞いたことがある」との反応がありました．オリジナル作図のつもりだったのでたいそう心外だったのですが，その後原作を示していただきました．著作権の問題で引用は差し控えますが，手塚治虫氏「火の鳥（黎明編）」です．

天変地異で幾世代も地底に閉じこめられた原始人類が，命をかけて断崖をよじ登り，平原に達する物語です．まさに人類の宿命に結びつく暗喩であり，どうして手塚氏がかかる概念に思い至ったものか，ご存命であればおうかがいしたかったところです．

生命の種・生命の素は，彗星や隕石に乗ってエネルギーの平原を飛び交っていると本気で考えている専門家もおり，すると，私たちはたまたま地球という井戸の底に降り，芽吹くことができた生命の端くれなのかもしれません．断崖をよじ登って，平原に戻りたいとの衝動がそこに根差しているとすれば，なかなか政治的・経済的動機だけでは説明にならないかもしれません．

第3章 ロケットの仕組み —鍵を握るのはロケットエンジン—

3.1 ロケットの全体構造

人類は，鳥を仰ぎ見て空飛ぶ機械＝飛行機を想像しました．一方，ロケットに模倣できるお手本は見当たりません．1800年代には，空を越えて星に到達できる機械としては大砲の弾丸以外に思い当たらず，巨大な大砲で月をめざす空想小説が一世を風靡しました（「月世界旅行」ジュール・ベルヌ，1865）．実際には，人間の限界9G（地球重力加速度の9倍）で加速しても長さ300 km以上の砲身が必要で，およそ実現不可能とわかっています．

結果的に，外界へ依存できず，加速に使うエネルギー源を自前に搭載するほかなく，唯一宇宙軌道に到達できる概念として，現在の形のロケットが実用化されました．その意味で，ロケットは純粋に人類の頭脳によって創造された輸送機械の筆頭といってよいかもしれません．

ここで，ロケット全体の構成例を図3.1に示します．まず外観ですが，上昇中の大気抵抗を最小に抑え込むため，打上げ用ロケットは細く長く積み上げることが原則です．胴長の1段機体の上に2段機体を搭載し，さらにその上に乗客として人工衛星が，フェアリング中に収まります．打上げ時には，満載質量をもち上げるために，どうしても初期推進力が不足しがちです．その間の不足分を補うため，1段機体は，両脇の固体ロケットブースタの大推進力に肩を借りる構成です．

中央部機体の各段に目を転じると，液体ロケットの基本構成を見て取れます．図3.2に2段機体の構成を模式的に示します．推進薬タンク内には，それぞれ燃料と酸化剤が液体状態で充填され，必要最小の圧力に加圧されています．タンク底部からターボポンプ入口には配管が直結されており，ターボポンプはフル回転してタンクから吸い込んだ推進薬（燃料，酸化剤）をエンジン燃焼室に押し込みます．燃焼室で混合した推進薬は，爆発的に反応し，推進力の発生源となります．

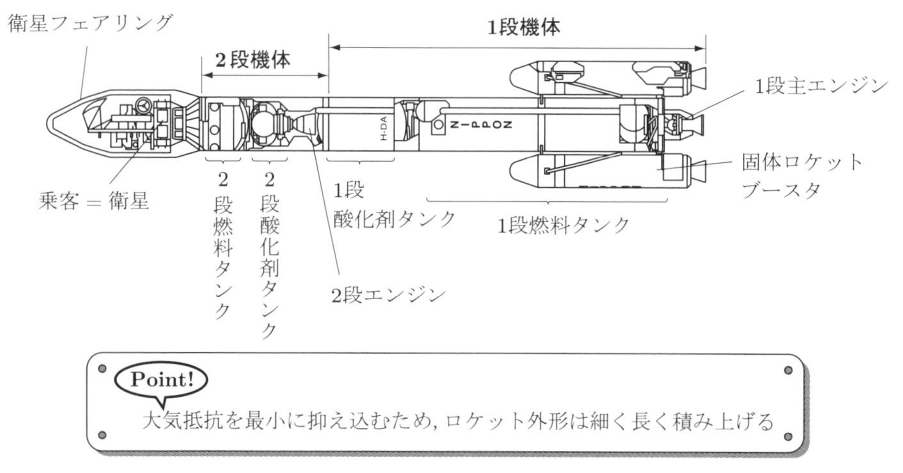

図 3.1　打上げロケットの全体構成図

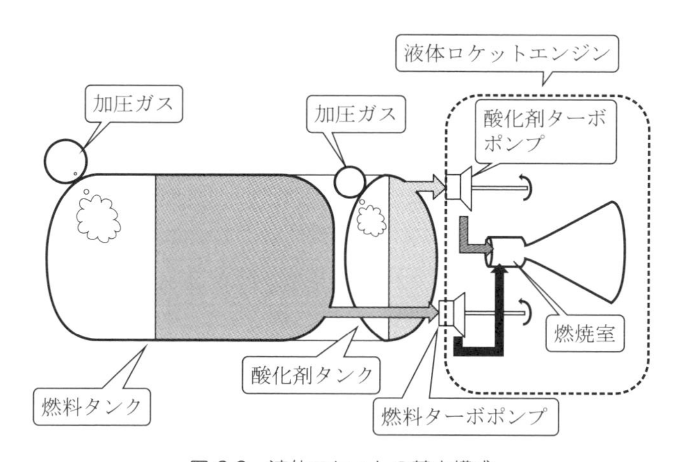

図 3.2　液体ロケットの基本構成

全体構造に目を転じると，航空機の場合，骨組み（フレーム，縦通材，リブなど）があって，その周辺に外皮を貼り付けて成形するのですが，ロケットでは，アルミニウム製のタンクそのものが外部構造を構成（応力外皮構造）しています．過去には，材料板厚を削減して軽量化を図る余り，内圧をかけないと自重を支え切れず変形してしまう極限軽量タンクも実用されました．また，タンク間をつっかえ棒（トラス構造）で結合する構造簡素化の実例も見られます．

3.2 エンジンの構造と原理

宇宙ロケット推進力の発生源たるロケットエンジンには，液体エンジンか固体エンジンかの選択肢がありますが，高性能打上げロケットの主力推進には，その良燃費（＝高比推力）ゆえ，基本的に液体エンジンが採用されています．図3.2の囲みで示すように，推進薬タンクから送り込まれた液体燃料，酸化剤を燃焼室で混合・点火・反応させて高温高圧ガスを生成し，一方向に加速・整流して高速噴射することが役回りです．燃焼室と一体に繋がる加速膨張ノズルがロケットエンジンの原理的構造ですが，高い熱負荷に耐えるには厳重に冷却する必要があり，また高圧燃焼室に推進薬を継続的に押し込むためには，自動車の燃料ポンプに相当する高圧大流量供給装置（ターボポンプ）も装備せねばなりません．燃費向上や軽量化のためにも，システム全体を限界ギリギリにまとめ上げる必要があり，その設計の要諦については第2部で詳述します．

燃費を示す比推力 I_{sp} は，推進薬組合せ，混合割合，エンジン燃焼圧力などによって決まります．一方，必要な推進力を得るためには，エンジンそのものを大きくすると手っ取り早いのですが，実際には強度や冷却，燃焼安定の問題などがあり，小型エンジンを多数並べる方法（クラスタ方式）もよく採用されます．航空機ではジェットエンジン4〜8基を装備する例はふつうに見られ，過去のロケットでも30基（！）を底面に並べた例がありますが，均等な制御が難しく実用できませんでした．同一機体に1〜5基，それでも推進力が不足すれば機体そのものを束ねる（ステージクラスタ）ことも含め，選択肢となります．

3.3 水素の特徴　―もっていくには液化が必須―

1.2節に示したとおり，ツィオルコフスキによって水素を燃料としたロケット推進の卓越性が予言されたものの，実は水素ロケットが実現するにはいくつかの課題を突破できず，実現には長い時間を要しました．そのため，アルコール燃料のV-2ミサイル，またケロシン（灯油）燃料のICBM（大陸間弾道弾）の実用が先行します．

ここで，ロケット燃料として液体水素の特徴を以下に示します（図3.3）．

(1) 発熱量は1 kgあたり28,600 kcalと，ガソリン（10,500 kcal/kg）の3倍に近く，単位質量あたりの発熱量が大きい．ただし，単位容積あたりに換算すると，2,000 kcal/Lと，ガソリン（8,000 kcal/L）に逆転されてしまう．これは下記(5)の低密度に起因する．

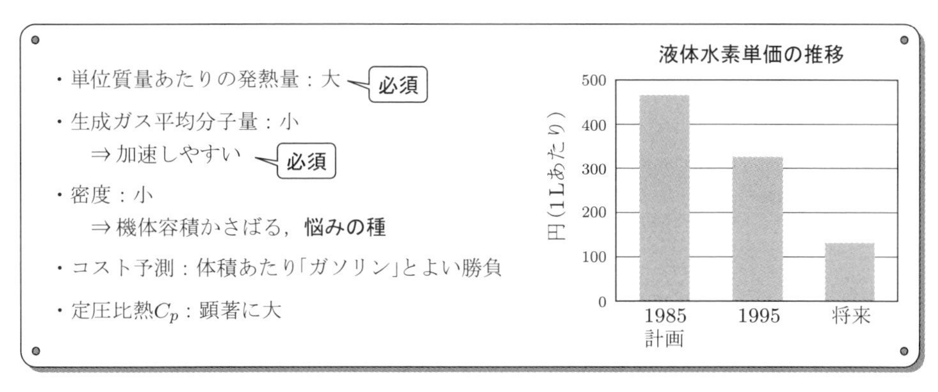

図 3.3　ロケット推進薬としての液体水素

(2) 燃焼ガスの主たる組成は水蒸気（分子量 = 18 g/mol）で，平均分子量が小さく加速しやすい．

(3) 比熱（定圧）C_p が特異に高く，熱を輸送する流体として熱容量が大きい．つまり，冷却剤として優れている．

(4) 水素は分子サイズが小さく，隙間から漏れやすい．また，可燃範囲が広く，着火エネルギーも特異に小さい．

(5) 水素は液化しても密度が 70 kg/m^3 と特異に小さく，搭載したロケット機体の容積がかさばる．飛翔中の大気抵抗が大きく，設計上は悩みの種．

(6) 汎用化に伴い，価格は低減の傾向．体積あたりの価格は，ガソリンといい勝負．

(1)～(3)あたりまでは，良いことずくめです．ところが一方，(4)に示したとおり，分子サイズが小さいため，とくに高圧では漏れやすいことが特徴です．いったん漏れると，容易に大気中に拡散・混合するうえ，可燃限界が広く，おまけに着火エネルギーが特異的に小さいことから，容易に火がつき，開発担当者すら，最初はおっかなびっくりだったものです．簡単にいえば，もっとも元気よく燃える燃料だからこそロケットに向いているが，そこで扱いを間違えると，どこでどう燃えるかは水素の勝手という状況だったのです．とくに，最小着火エネルギー 0.02 mJ は，コンデンサに蓄電すれば，歯に挟まるような 20 μF 程度の容量に 1.5 V の電圧があれば十分で，静電気の放電ですら着火しうるため，現在も導電性の作業着上下・安全靴は必須です．その後，漏洩回避ノウハウも蓄積され，さすがに木綿の下着（吸湿性が高く，静電気をためにくい）限定とまでは，うるさく言わなくなりました．（初期のガソリン自動車も，タバコは厳禁だったようです）

最高燃費とはいいながら，(5)に示すとおり，常温常圧水素ガスの密度は空気のわずか1/14にすぎません（ゆえに，気球や飛行船などの浮力ガスに使われた）．有意な質量の水素をロケットに積載するためには，巨大な容器，あるいはそのまま圧縮しても，とんでもない質量の圧力容器が必要でした．図3.4に，ドイツの水素飛行船「ヒンデンブルグ号」を示しました．偶然ながら，その搭載水素質量18トンが，H-Ⅱロケットの搭載量とほぼ等価なのです．気体と液体の体積差を比較してみてください．飛行船の直下のゴマ粒が人間です．

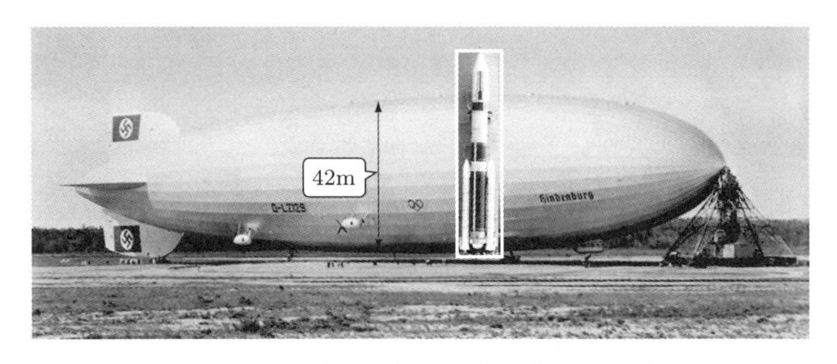

図3.4　ヒンデンブルク号とH-IIロケットの比較

ご承知のとおり，気体を液体とすることで体積を小さくすることができます．水素の液化は，ツィオルコフスキ論文の5, 6年前には実現していました．しかし零下253°C（20 K）まで冷却して，ようやく前述した水素ガスの1/800近くまで体積を縮小できる程度です．常温の水に比べても，やはり体積は14倍に及び，タンクがかさばることは水素ロケットの大きなハンディキャップとなりました．

3.4　水素エンジンの技術課題 ―結局，自分（水素）で冷やすしかない―

実用に至るもう一つの難関は，「冷却問題」でした．燃焼室内の燃焼温度は3,200 K（～2,900°C）にも達し，さらに流速が大きいことも災いして，壁への熱負荷が高く，どんな金属もそのままでは内圧や温度に耐えることはできません．熱ガス側にはできるだけ熱遮蔽を図り，その背面全体を厳重に冷却することが必須でした．

そのうえ，ロケットエンジン特有の条件として，地上で推進薬を浪費するわけにはいきません（1.3節で述べたように，もち上げられる推進薬はせいぜい400秒分に過ぎず，1分も待っていると2割近い推進薬を失ってしまう）．航空機の場合は酸素は外界から取り込めるうえ，さらに翼の発生する揚力を用いることができるため，エンジンの推進力が機体質量を支えているわけではありません．そのため，10 時間以上も運転できる燃料を搭載できます．したがって，起動から数十分もかけて，ゆっくり暖気（ウォームアップ）を図ることで急激な熱応力を回避できるのですが，ロケットでは，エンジン点火の 5, 6 秒後にはフルパワーで離昇（リフトオフ）することが求められます．極端には，液体水素温度 20 K（零下 253°C）からいきなり 3,200 K（～2,900°C）近くまで温度変化する場所もあり，想像を絶する熱応力・熱衝撃が発生することになります（熱されて伸び上がろうとするブロックと，冷えて縮み込もうとするブロックが隣り合わせに密着していると，その界面にすさまじい軋轢やすれ違い（剪断力）が発生することは，想像に難くありません）．

このため，燃焼室を二重壁構造にして間隙に冷媒を流す，あるいは冷却管を張り巡らせて壁面を構成する，また多孔質金属面（非常に小さな貫通穴がたくさん開いた金属板）から冷却燃料を浸み出させるなど，あらゆる冷却手段を駆使して，ようやく実用水素エンジンの完成をみたのです．それでも，9.2 節に後述するとおり，燃焼室スロート（絞り）部の最大熱応力は材料の降伏応力を上回り，運転ごとに変形歪みを蓄積するため，数十回のうちに裂けて寿命が尽きるのは，ロケット燃焼室の宿命です．

3.5 世界初の水素エンジン RL10 ―夢の多芸エンジン―

以上では水素エンジンの構造と特徴をまとめましたが，ここからは実用化された水素エンジンについて，開発の経緯も合わせ簡単に紹介しましょう．

ツィオルコフスキがロケット燃料に水素を使うことを提案してから 60 年を経た 1963 年，世界初の水素エンジンであるアメリカの RL10 エンジンが，セントールロケットを推進して初飛行に成功しました．以来，50 年以上にわたり，改良しながらいまだに運用を継続しています．その最大の長所は，ターボポンプ方式ながら，優れて簡潔簡素なシステム構成にあります．エクスパンダサイクルの詳細は 8.4 節に後述するとして，図 3.5 に RL10 エンジンの写真を示します．ノズル外径 98 cm の比較的小ぶりなエンジンです．

開発のきっかけは，アメリカの当時の P&W 社（現在 Boeing 社に統合）が，水素を燃料に航空用ターボジェットエンジンの設計・試作に着手した 1956 年に遡ります．熱交換器で温まった水素ガスを用いて回転タービンを駆動する画期的技術が考案・確立され，1958 年には，それを応用して水素宇宙エンジン RL10 の開発が始まっていま

図3.5　アメリカのセントールロケットに搭載されたRL10エンジン†

す．1957年には世界初の人工衛星スプートニク1号（旧ソ連）が打上げられており，その2年後には，ガガーリンの有人飛行が続きます．手を抜けばただちに遅れをとる，そんな時代でした．

さて，RL10エンジンは，当初アポロ月面着陸計画に使われる予定でしたが，採用したサイクルの特性として，推進力が75 kNと比較的に小ぶりであったところから，サターンV型ロケット上段の主役の座を，推力1 MN級のJ2エンジン（当時Rocketdyne社，現在Boeing社に統合）にゆずります．その結果，RL10エンジンは，かえって多方面に応用されたうえ，多芸なエンジンとして改良が続けられ，命脈を保ちます．実際，通常のロケットエンジンはフル作動状態での定点運転しかできず，またいったん停止すると，地上整備をはさんでようやくつぎの運転が可能になるのですが，RL10エンジンは推進力制御が容易で，かつ宇宙空間で7回着火を繰り返した実績が記録されています．また，燃料の水素をメタンやプロパンに変更する，さらには大胆にも，酸化剤をフッ素に置き換えるなど，あらゆる先進的な実験にも成功しており，若手エンジニアにとっては，そのチャレンジ精神を含め，まったくもって模範ともいえる存在でした．

セントールロケットでは，エンジンにとどまらず，低温液体水素を満載して，宇宙空間を航行する機体全体においても，さまざまな試み・成果が得られています．太陽光の輻射を直接受ける側では約400 K（130°C），その反対側では約100 K（−170°C）

† "RL10 Rocket Engine" ©Richard Smith, CC BY 2.0
https://www.flickr.com/photos/gocarts/3684754266

というのが地球近傍の宇宙環境なのですが，温度環境は，推進薬の蒸発量に大きく影響を与えます．閉じ込めておけば，どんどんタンク圧力が上昇し，早晩内圧破壊（破裂）に至るため，もったいなくてもときどきは蒸発水素ガスを放出・投棄（ガス抜き）せざるを得ません．もちろん，発泡断熱材を厚く塗り付ける，あるいは日傘を広げるなどのアイデアもあるのですが，慣性飛行（エンジン停止状態）中のセントールロケットでは，意外な工夫を試みました．進行方向に関係なく，機体を転回させ，後尾のRL10エンジンを太陽に向けて，タンクへの日照を遮りました（sun orientation）．結果としてエンジンの温度は上昇しますが，熱交換器となるノズルが温まっていないと起動できないエンジンですから，一挙両得の画期的工夫でした．

3.6　水素エンジンの発展 ―蒸気エンジン全盛に至る―

3.5節に示したとおり，ツィオルコフスキの発案から水素エンジンの実現には，ざっと60年を要したのですが，RL10エンジンを皮切りに，各国開発に拍車がかかりました．

アメリカでは，前述のとおり，推進力1 MN級のJ2エンジンが完成し，サターンV型ロケットの2段には5基をクラスタし（束ね），3段には単基を搭載して月に向かいました．また1981年には，スペースシャトル用の主エンジンとして，開発難航の末，2 MN級のSSME（スペースシャトル主エンジン）（図3.6）が完成し，最近まで活躍したことはご存知のとおりです．さらには，3.5 MN級のRS68エンジン（図3.7）を搭載したデルタⅣロケットが，全段に水素燃料を用いた高性能軽量ロケットとして実用化されています．

アメリカを追ったのはヨーロッパ，とくにフランスです．アリアンⅣロケットの2段用に，推進力65 kNのHM7エンジン（図3.8）を開発しました．ついで，1段エンジンを水素燃料の1.4 MN級Vulcainエンジン（図3.9）に置き換え，固体ブースタで増強して，アリアンVロケットを完成させます．

さらには，中国，日本と続くのですが，そのあらましを図3.10に示します．新しいロケットやエンジンの開発には5年から10年かかっており，しかもその後も改良が続いていることがわかります．わが国初の水素エンジンLE-5の完成は，アメリカにおよそ25年遅れをとっていたのですが，つぎのLE-7エンジンで，アメリカのSSMEに遅れること13年の水準まで追いつきました．LE-7開発の難航には，この差12年分が凝縮されているともいえるでしょう．ただし，各国ともその後の進化ははかどらず，つぎの一手に逡巡・熟考している現状と見受けられます．

図 3.6　アメリカの SSME
（ノズル出口径〜2.30 m）

図 3.7　アメリカの RS68 エンジン
（ノズル出口径〜2.43 m）

図 3.8　ヨーロッパの HM7B エンジン[†1]
（ノズル出口径〜0.99 m）

図 3.9　ヨーロッパの Vulcain II エンジン[†2]
（ノズル出口径〜2.15 m）

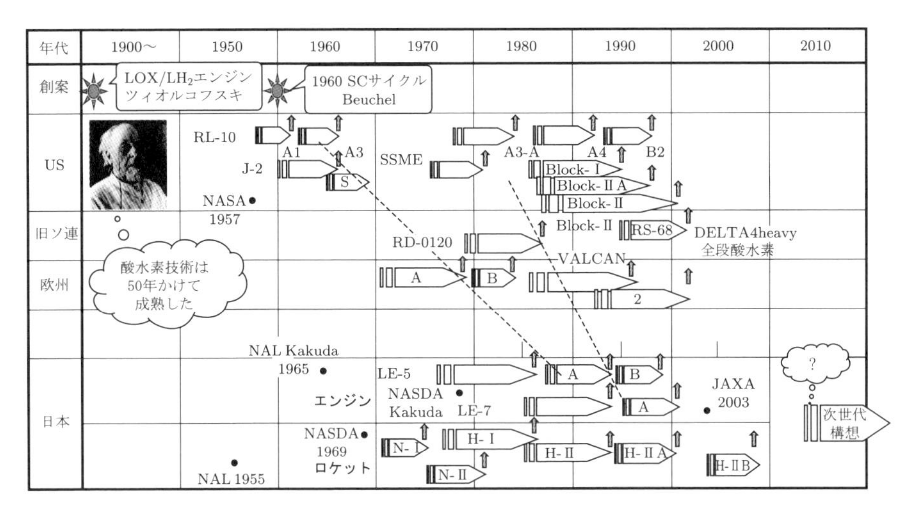

図 3.10　新技術実現のステップ —酸素水素エンジン—

3.7　わが国の水素エンジンの創始 —なぜ，水素を選んだか—

1976 年に予算が認められ†，開発に着手した LE-5 エンジンは，国産初のターボポンプ式エンジンであり，そもそも開発に着手するために試験設備の整備，また液体水素の工業的量産や公道輸送実験など，なにもかも一から手掛けねばなりませんでした．研究部門が先行研究を展開してはいたものの，海外からは「日本の水準でできるはずはない」と漏れ聞こえたこともあながち過小評価とはいえないのが実情だったのです．

戦後，航空関連研究を禁止された経緯もあり，わが国の打上げロケット開発は欧米に大きく遅れをとっていました．1952 年の解禁直後には，ようやく固体ロケットの研究が復活し，その規模を段階的に拡大して実用ロケットにこぎつける構想が動き出したものの，実用（通信・放送・気象など）衛星早期打上げの要求には到底間に合わず，1970 年には，アメリカ液体ロケットの全面技術導入路線に舵を切り替えます．国産化に向けた先行研究のために，1965 年には航空宇宙技術研究所（NAL）角田支所（宮城県）がすでに設立されていたこともあり，固体・液体を問わず，当時の国内研究陣はひどく落胆したものです．

人類の月面到達直後の 1969 年秋には，実用衛星を打ち上げるために，また技術導入の受入れ窓口として，宇宙開発事業団（NASDA）が設立されました．しかし，国

† 国としての投資が，国会で承認されたことを示します．

内生産しつつもアメリカからの技術導入であったため，そのつど導入元の承認を要するなど，自在な打上げ活動はままならず，導入技術を応用しつつも段階的に国産化を進めようとの機運が高まりました．

焦点は，より規模が小さく，性能向上を実現しやすい2段機体とエンジンの新規開発に絞られました．この頃，宇宙科学研究所（ISAS）では，後継型Mロケットの上段に搭載することを目的に，70 kN級水素エンジンの設計研究を手掛けています．当時はヨーロッパさえ初の小型水素エンジンHM7を開発途上であったため，わが国が水素エンジンを選択するのはほとんど無謀とも思えましたが，当時の担当者の意識には，いつか世界の一線に追いつこう，との執念が秘められていたように思います．

開発の紆余曲折は第8章に示しますが，LE-5エンジンを搭載したH-Iロケットは，足掛け10年後の1986年に初飛行に成功し，わが国の実用衛星打上げロケット国産化の実質的第一歩となりました．比推力は，技術導入したN-IIロケットのヒドラジン燃料エンジン（AJ10-118FJ）のI_{sp}～320秒から450秒まで改善され，水素の本領を発揮した結果，静止軌道への衛星投入能力は，350 kgから550 kgまで6割近くも向上し，導入元のアメリカのデルタロケットを凌駕しました．また，水素エンジンの推進力（$F = 103$ kN）を比べれば，首位アメリカに差はつくものの，世界2位（1986年当時，ソ連の内情不詳）にランクされたこともつけ加えておきます．N-IIロケットとH-Iロケットの比較を，図3.11に示します．

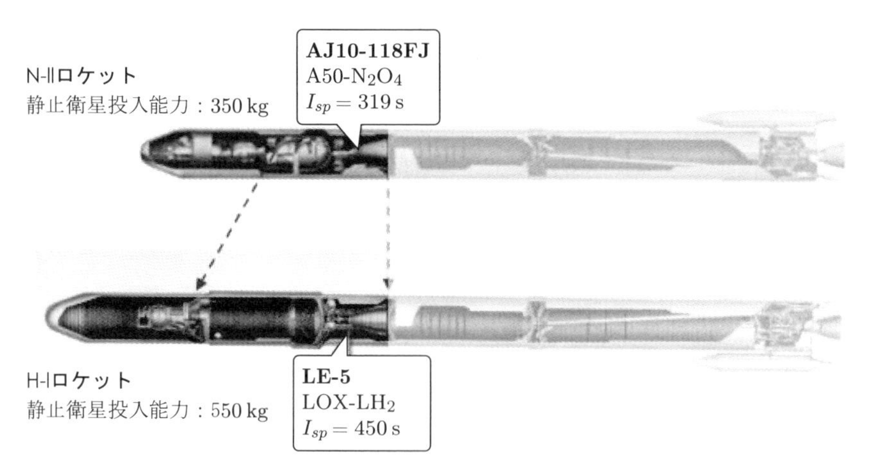

図3.11　N-IIからH-Iロケットへの変化 ©JAXA
A50：ヒドラジン系燃料，N_2O_4：四酸化二窒素（酸化剤）
LOX：液体酸素，LH_2：液体水素

第4章 ロケットを打ち上げる ―ロケットは水平線に沈む―

ロケットは，計算しつくされたコースを正確にたどって，ようやく地球周回軌道（LEO）に到達できます．本章では，軌道の設計や打上げの実態について解説します．

正直なところ，筆者も初めての打上げ体験ではかなりうろたえました．音に聞く爆音と噴煙はともかく，思っていた方向にロケットが飛んでくれなかったことが原因です．事前に解析して十分に理解していた計画経路のとおり，当初ロケットはひたすら上昇し，そのまま虚空に消えていくはずでした．ところが，打ち上がったロケットの軌跡は，いったん頂点に達したのち，頭を下に向け，下降を始めます．すわ墜落かとひとり焦りましたが，そのまま仰角を下げ続け，最後は水平線の彼方に消えて行きました．ロケットは周回軌道をめざすので，考えれば当たり前なのですが，初心には新鮮な驚きでした．結局，船もロケットも同じ水平線の彼方に没します．もっとも，毎回，水平線まで見通しがきく好天ばかりとは限りません．

4.1 打上げ軌道の設計 ―東に打つと，465 m/s（@赤道）得をする―

巨大なロケットが直立し，やがて静々と垂直に上昇を始め，増速していく．おなじみの光景ですが，本当のところ，垂直に打ち上げるのは原理的に望ましい方法ではありません．垂直に上昇する限り，地球の重力圏を脱出する 11,200 m/s（時速 40,300 km：第 2 宇宙速度＝地球重力圏離脱速度）を突破できないと，必ず同じ軌跡をたどり，地球に落ちてきます．ほしいのは軌道周回速度ですから，理想的な打上げ方向は，本来水平です．2.3 節で触れたように，最低 7,800 m/s（第 1 宇宙速度＝地球軌道周回速度）まで増速して，その速度を維持できれば，地表をかすめながらも周回し続けることができます．ところが一方，地球には大気層があり，大きな抵抗となるばかりか，途方もない加熱（全温度[†]> 10,000 K）を受けるため，低層大気中でそこまで増速し，速度を維持することは実質的に不可能です．大気抵抗や空力加熱をほぼ無視できる高度はおよそ 200 km 以上なので，まずこの高さを越える周回円軌道に投入することが，打上げ目標となります．

地球の大気圧は，おおよそ高度 10 km で 1/4 気圧，20 km で 1/20 気圧，30 km で 1/100 気圧と覚えてください．たとえ 1/100 気圧であっても，空気抵抗は速度の 2 乗に比例するため，7,800 m/s ともなるとすさまじい抗力となり，周回運動を維持することは不可能です．実際の打上げに際しても，高度 10 km 程度，音速の 1.5 倍に達する領域で空気抵抗（動圧）は極大となって 50 kN/m^2 （≒ 5 tonf/m^2 ）を超え，断面積（H-Ⅱロケットではおよそ 12 m^2）をかければ，1 段主エンジンの推進力にも匹敵する抵抗力となります．ロケットが必然的に細長い形となり，さらに固体ロケットで初期推進力を増強しなければならないゆえんです．

さて，濃密な大気層を突き抜けて 200 km の高度まで上昇しつつ，水平方向に 7,800 m/s の増速を果たすには，はなはだ複雑で周到な軌道設計や機体操縦を要します．先に高度を稼ぎすぎても，不足しても，余計なエネルギー損失が発生します．実のところ，高度と飛行速度の最適な組合せをたどる飛翔経路を探索する解析方法はほぼ確立されており，要約すると以下となります．

高密度の低層大気中で水平方向に増速することは避け，まず垂直に近い角度で打ち上げて，最短経路・時間で低層大気を抜けることが得策です．同時に，音速を突破する領域では抗力が極大となるため，要すれば加速度（推進力）を制限し，急加速を回避します．この段階までは，必要な軌道周回方向の速度を稼ぐことができず，重力に抗して上昇する分，損失がかさむことになります（重力損失）．ある程度高度を稼いだところで，徐々に機体を傾け，必要な速度まで水平方向に増速を図ることが要点です．

図 4.1 に，アメリカのスペースシャトル主エンジン（SSME）の推進力履歴を示します．$T = 50$ 秒付近①では，推進力を下げて抗力を緩和しています．エンジン停止（shutdown）直前②には，燃料が消費されて機体が軽くなるうえに，経路角が水平に近づくため，加速度が急増します．搭載衛星保護上，加速度を 3G 程度に抑え込む必要があるため，徐々にパワーダウンを図っています．

---

† 全温度：高速流体をせき止めたときに発生する温度を指します．流体のもつ運動エネルギーが熱エネルギーに変換される結果，速度の 2 乗に比例して温度上昇することになります（航空機の場合，アルミニウム製機体では熱的に音速の 2 倍：全温度～540 K，チタン製で 4 倍：全温度～1,260 K が上限とされています．音速の 20 数倍の速度をもつスペースシャトルが温度上昇に耐えて地上に帰還するのは，生易しいことではありません）．

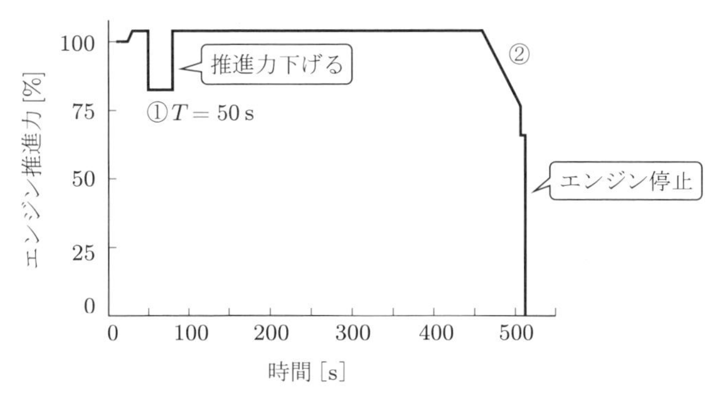

図 4.1　SSME 推進力の時間履歴[39)]

固体ロケットについては 8.3 節にも示しますが，比較的小型の単独構成の場合，斜め発射が常套です．すると，鉛直方向にのみ重力加速度分（$g = 9.807$ m/s^2）の減速が加わるため，自然に軌道は傾斜を深めていき，尾翼などを使って姿勢を飛行経路にうまく合わせこめば（重力ターン），一定高度で周回軌道に達する無誘導打上げを実現できます．一方，大型液体ロケットでは，機体強度上，また機体支持・組立て上，斜め打上げは困難です．組み立てたまま，まずは垂直に打ち上げます．そして，低速度のうちに意図的にエンジンの推力方向を制御して，ロケットを傾けていく（kick down ＝蹴倒す）ことが必要で，ある程度斜めになった段階で，重力ターンに移行します．このとき，飛行経路と機体姿勢の一致は不可欠です．航空機と異なり，大気中で数度以上も迎え角（機体軸と飛行方向の角度差）が発生すると，多くの場合機体構造が破壊されるほどロケットは脆弱です．このキックターンはわずか 10 秒間程度の推進方向制御ですが，そのタイミングや制御量（kick rate）は，打上げ成否や性能に甚大な影響を与えるため，軌道設計上のポイントとなります．大型液体ロケットの計画飛行軌道の例を図 4.2 に示します．① $T = 0$ 秒のリフトオフ，② $T \sim 100$ 秒の固体ロケットブースタ分離，③ $T \sim 400$ 秒の時点のエンジン総出力は，7 GW，2.2 GW，220 MW となっています．

通常，飛行解析プログラムのソースコードが公開されることはありませんが，簡易には地球重力分布や大気モデルを考慮した質点モデルの運動方程式を用いて，かなりの精度で自前のプログラムをつくり上げることが可能です．もちろん，空力特性のほか，推進薬の消費，また下段機体の分離や投棄など刻々の質量変化を考慮・記述することは不可欠です．

図中のグラフでは，横軸に時間，縦軸に慣性速度および高度を示していますが，打

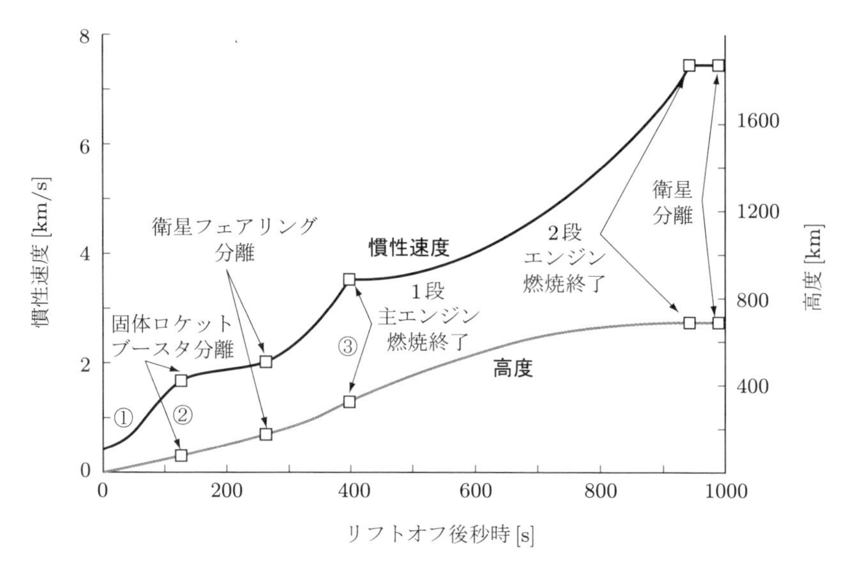

図 4.2　大型液体ロケットの計画飛行軌道 ©JAXA

上げ時（リフトオフ：$T = 0$ 秒）の速度が 0 m/s ではないことに注意してください．種子島発射場の緯度における地球自転速度〜300 m/s 分の「ゲタ」を履いています．この利得を有効利用するためには，衛星を東向きに打ち上げ，地球を周回させることが得策です．つまり，地球の自転をカタパルト（射出装置）として使おうというわけです．赤道上ではこの速度利得は 465 m/s にもなり，これが低緯度地域に打上げ射場を設ける，あるいは移動船舶から打ち上げる根拠となっています．ただし，地球全域を観測するために南北方向に周回する極軌道衛星を打ち上げる場合，自転速度の利得はほぼありません．

4.2　打上げロケットの構成　—GF はロケットの総合効率—

地球周回軌道へ到達する打上げロケットは，1957 年のスプートニク 1 号，ソユーズ A4 ロケット以来 60 年近い歴史があります．おおよそ形は似通っているといいながら，推進薬の組合せや各段構成，運用方法まで考えると，いまだ完成形に収束したとは言い難く，さまざまなバリエーションが存在しています．前述のとおり，水素燃料を用いても単段で軌道に到達することは困難で，もっとも革新的な概念といわれるアメリカのスペースシャトルさえも，打上げ直後の百数十秒間は，巨大な固体ロケット（SRM）によって推進力を補強せざるを得ませんでした．いったん火をつけると制御の効かない固体ロケットを用いて人間を打ち上げるのは，史上初の試みでもあったのです．固体ロケット燃焼中には緊急脱出が実質的に困難といわれ（STS-51，チャレンジャー事故もこの間に発生），また人間と貨物を混載する不利，機体を再使用する経費がかさむところから，2011 年には退役やむなきに至っています．航空機のごとくそのままの形態で，地上と軌道を繰り返し往復できる単段式軌道到達機（SSTO: single-stage to orbit）は，理想的概念と根強く考えられていますが，画期的なエンジン性能の向上や機体の軽量化なしには実現できず，いまだ見通しは立ちません．

現状，実用されている打上げロケットは，多段式使い捨て形態です．打上げに消費するエネルギー効率，環境負荷を考えると，同じ質量のペイロードを最軽量（すなわち，最小推進薬量）のロケットで打ち上げることが理想です．したがって，以下に定義する growth factor（GF）を最小化することが，ロケットの性能を代表する指標となります（図 4.3）．

$$\mathrm{GF} = \frac{\text{打上げロケット全備質量}}{\text{軌道に投入できるペイロード質量}}$$

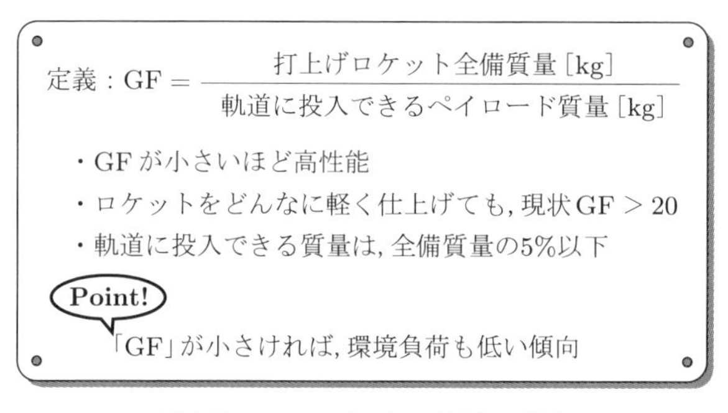

図 4.3　growth factor (GF) とは？

スペースシャトル（全備質量 2,000 トン）では，質量 100 トンを軌道投入できるものの（GF = 20），質量 70 トンのオービタ（orbiter：機体本体）は地上に帰ってくるため，輸送手段として実質の GF はおよそ 70 と悪化します．一方，アメリカのデルタ Ⅳ ロケットでは，全段に高比推力の水素燃料を採用した使い捨て形態で GF = 28 を実現しています．同じくアメリカのアトラス V ロケットでは，1 段にロシア製ケロシン（灯油）燃料高圧エンジン（RD180）を用い，デルタ Ⅳ ロケットに勝るとも劣らない GF = 27 をマークしています．高密度のケロシンを使用するため，1 段タンクの容積を縮小でき，結果として回避できる空力損失と機体軽量化分がエンジン比推力の劣勢を穴埋めしています．

一般に，機体質量が1段の5～20%となる小型上段では，容積のかさばるデメリットが顕在化しにくく，アトラスVロケットにおいても，上段には水素燃料が採用されています．なお，わが国のH-ⅡおよびH-ⅡAロケットのGFは，それぞれ27，29と世界第一級の性能ですが，冷静に考えれば打ち上げた初期質量のわずか4%足らずがようやく軌道に到達できるにすぎません．図4.4に，運用中の各国主力ロケットとその性能を示します．

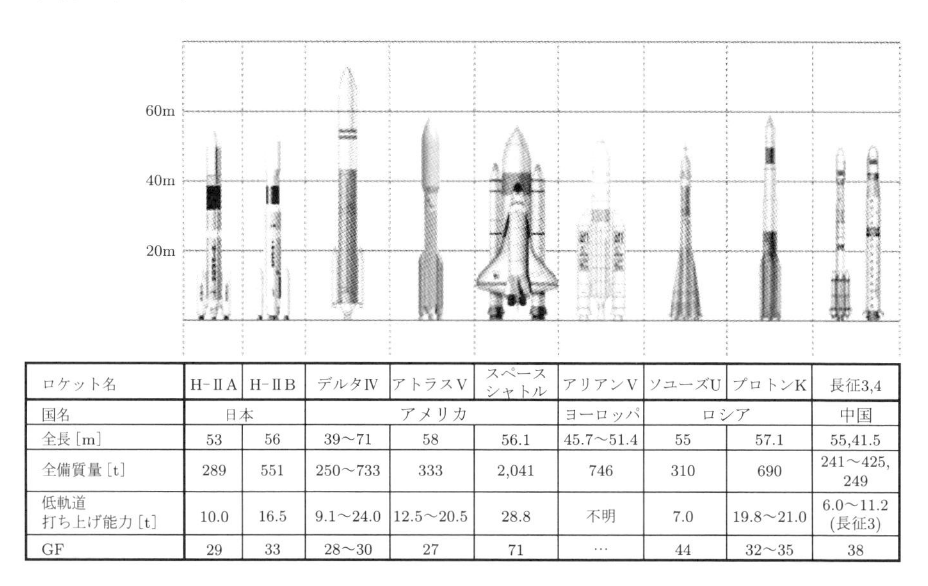

ロケット名	H-ⅡA	H-ⅡB	デルタⅣ	アトラスV	スペースシャトル	アリアンV	ソユーズU	プロトンK	長征3,4
国名	日本		アメリカ			ヨーロッパ	ロシア		中国
全長［m］	53	56	39～71	58	56.1	45.7～51.4	55	57.1	55,41.5
全備質量［t］	289	551	250～733	333	2,041	746	310	690	241～425, 249
低軌道打ち上げ能力［t］	10.0	16.5	9.1～24.0	12.5～20.5	28.8	不明	7.0	19.8～21.0	6.0～11.2 (長征3)
GF	29	33	28～30	27	71	…	44	32～35	38

図4.4　各国の主力ロケット ©JAXA
出典：「International Reference Guide To Space Launch Systems -4th Edition-」（米国航空宇宙学会），「Commercial Space Transportation Quarterly Launch Report」（米国連邦航空局）等打上げ能力は，「International Reference Guide To Space Launch Systems」

4.3 航法・誘導・制御 —自動車ナビでも活躍—

ロケットの性能は，設計どおりに飛んで初めて発揮され，所定軌道への到達が可能となります．ところが実際には，季節風による外乱，気温（推進薬温度）・気圧によるエンジン性能の変動など，必ず誤差が発生します．当然修正しなければなりませんが，そのためには，まず自らの位置や速度，姿勢を正確に測定し，予定軌道との乖離（ズレ）を知らねばなりません．これは大航海時代の六分儀などによる天測に相当し，ここまでが「航法（navigation）」です．

つぎに，正しい目標軌道を回復するために，その手順「誘導（guidance）」の選択や決定が必要となります．計算機能力の低い実用化の初期には，ひたすら所期の計画軌道（ノミナル軌道）に立ち戻ることが唯一の方法でした（間接（implicit）誘導）．しかし，過去に戻ってやり直すことは不可能ですから，結局修正量はかさみます．その後，搭載電子機器の進化によって，ズレればズレたで，そのつど計画軌道自体を最適化・更新しながら，最終目標軌道をめざす直接（explicit）誘導が可能となりました．実際に使われたのは，トランク大の計算機が実現したアポロ有人月面着陸計画が最初といわれています．昨今の自動車搭載ナビの場合，最初こそ「元のルートに戻れ（間接誘導）」と逆なでもしてくれますが，そのうちにあきらめて「新しい最適ルートを探索」してくれます．まさに，宇宙技術に根ざす直接誘導への切り替え例といえます．いまでは当たり前と思える技術も，このように幾多のハードルを越えて実用に至っています．

目標軌道を回復する手順が明らかになったとしても，そのとおりに機体を操縦する実際的手段が伴わねば，考えただけに終わってしまいます．自動車ならばハンドルを回してアクセルを加減することに相当しますが，ロケットでは推進力方向変更（gimbaling）と燃焼時間の加減によって「制御（control）」を行います．

航法・誘導・制御を確立・連携させて初めて，ロケットは目標軌道に到達できます．これらの搭載電子機器（アビオニクス）はいわばロケットの頭脳ですが，原則，上段機体に搭載されます．途中で分離・投棄される固体ブースタや1段機体には，上段から制御信号のみを送り，制御することが合理的です．図4.5に，基本的なブロック構

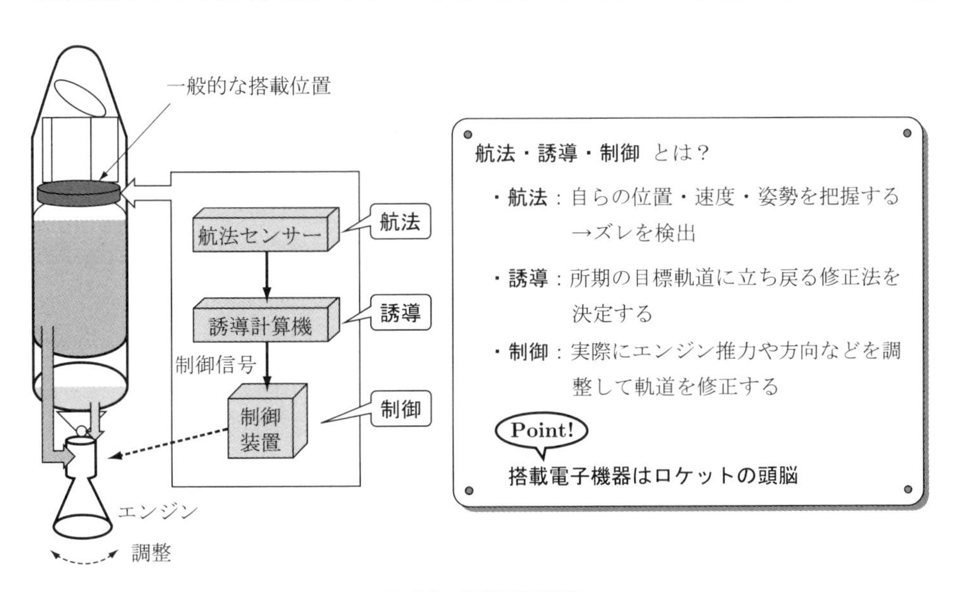

図4.5　搭載電子機器

成図を示します．

まず航法ですが，近傍宇宙空間に固定された目印や道標はありません．昨今のロケットでは，自律的「慣性航法」が用いられます．これもやはりアポロ計画時代に確立された技術で，全（3軸）方向の「加速度」を継続的に測定し，微小時間を掛けて累積（1回積分）すると「速度情報」が得られ，もう一度繰り返すと「位置情報」が得られます．直感的には，目隠しして車に乗った状況を想像してみてください．体の揺れ（体感加速度の向きと大きさ）と時間を数えていれば，およそどのように動いてどのあたりにいるかが推定可能です．車のナビでは，トンネルに入ってナブスタ（アメリカの GPS 衛星）が見えなくなったときなどに援用されている方法です．逆に，GPS 測位をロケットの航法に使えないかとの質問が出そうですが，実はまだ使い切れていません．ロケットの軌道制御は，打上げの成否ばかりか，社会的安全にも関わるため，自前ですべて理解や納得したうえ，完成度や健全性を技術審査しなければならず，いまだ GPS 測位に全面依存するには至っていないのです．実際，車のナビが不調で遅刻したとしても，文句をつける相手は見つかりそうにありません．

誘導装置とは，本質的に機体に搭載された実時間軌道計算機といえます．演算規模としては，昨今のパソコンならば十分間に合う程度ですが，打上げの過酷な振動環境に耐え，また放射線の飛び交う宇宙環境で外乱を受けにくい特別製です．つまり，最新の繊細なデバイスは使えないということです．それでも，故障する可能性が「ゼロ」とはいい切れず，有人ロケットなどでは，3重の演算装置を搭載し，多数決で誤りや故障をふるい落とす対策を講じています．

誘導系が機能して軌道の修正方法が決まれば，制御装置の出番です．誘導計算機から送られる制御信号に基づいて，ロケットエンジンの起動や停止のタイミングを加減し，あるいはエンジン支持アクチュエータ（工事車両の油圧アームを想像してください）を伸縮して噴射方向を調整します．このため，単基構成のエンジンならば，2軸の油圧アーム以外，自在ジョイント1点で機体中心軸上に結合されています．

それに対して，一世代前のロケットでは，慣性航法装置の精度や信用度も，搭載計算機の演算能力も未成熟で，結局地上の複数レーダ局で追尾し，ロケットの位置を特定したうえで，地上の大型・高速電算機で誘導計算を行い，地上から制御信号を送り返して制御していた時代もありました（電波誘導）．つまり，搭載すべき電子機器をすべて地上に置き，電波を介して制御命令を送る，まさに実物大ラジコンロケットだったわけです．わが国が技術導入した初期 N ロケットはこの方式でしたが，H ロケット以降，国産誘導装置の開発に成功し，自律的誘導制御を実現しています．なお，第二次大戦の末期，ロンドンを襲ったドイツの V-2 ミサイルでは，ごく原始的で低精度ながら世界初の慣性誘導が実用されました.

4.4 打上げの実際 ―時速 28,000 km まで 15 分で加速―

ロケット全段システムや全構成機器・部品の認定試験，さらに数回の試験飛行が完了すると，開発完了審査が行われます．最終的に設計および製造方法が承認されると，いよいよ本格運用です．開発試験に用いた機材を一部流用することもありますが，材料新規発注から考えれば，1, 2 年をかけて運用ロケット実機を組み立てます．エンジンは，領収燃焼試験で実性能を確認したうえで組み込まれます．そのままいきなり打ち上げられるはずはなく，まず，すべての製造記録を集めて完成検査を行い，ついで PSR（pre-shipment review：射場輸送前審査）が行われます．いったん工場から出すと改修や手直しはひときわ難しくなるため，蔵出し前徹底審査というわけです．ここでは，すべての検査結果や機能試験結果が提示され，目の前の製品が設計意図・図面を完全に満たしていることを最終確認します．機材や部品の素性が記録・保管されていることはとくに重要です．故障発生時には，同じ素性の部品すべてを探し出し，交換や廃棄することも想定されています.

こうして，折り紙つきの実機のみが半分解状態で射場に輸送され，現地で全段を組み立て，完成します．すべての条件が整ったところで FRR（flight readiness review：打上げ前最終審査）が行われ，打上げ設備を含む全システムの健全性をあらためたうえ，最終発射作業に移行します.

さて，打上げおよそ 10 時間前には，打上げ予定時間（X = 0 と定義しています）の気象などを予測したうえ，ロケット組立棟内から，射点（発射地点）にロケットを移動します．ロシアなどでは横置きにして鉄道車両で移動させる例もありますが，多くは可動台車上にロケットを垂直に固定し，しずしずと運びます．担当者がゆっくり歩いて見守れる速さです.

射点では，打上げサービス塔から，「へその緒（アンビリカル）」を接続します．図 4.6 には射点での最終セッティング例を示しました．各段への推進薬充填配管，電力ケーブルなどが接続され，また，最上部の大口径管は，衛星収納フェアリングへの空調ダクトです．これらのへその緒は，打上げ（リフトオフ）と同時に機体から分離され，射点側に残留します.

固体ロケットの場合，射点固定直後には即点火，打上げが可能で，ゆえに即応必須

図 4.6　打上げ前最終セッティング ©JAXA

の軍事ミサイルには多用されるのですが，液体ロケットではそうはいきません．とくに，極低温推進薬の場合には，突沸を避けるため，上流の貯蔵設備側からじっくりと冷やし込み，徐々に流量を増していきます．全段の充填が完了するには，酸化剤や燃料を並行充填しても数時間程度は必要です．なお，推進薬が充填されると，ロケットは完全に危険物と化します．したがって，充填開始前には人員退避や安全規制をしなければなりません．

この間には気象の悪化も含めたさまざまなトラブルが発生する可能性もあり，作業が遅れるとつぎに「打上げウィンドウ」の問題がもち上がります．準備ができ次第，いつでも打ち上げられるわけではありません．「打上げウィンドウ」とは打上げが可能な時間帯を指し，あらかじめ一日のうち数時間の幅が与えられています．安全の問題も含め，あらゆる制約を満たす必要がありますが，多くの場合，搭載された人工衛星の電力補給の都合で決まります．人工衛星の主たる電源は，太陽電池パネル（その形状から，パドルと称します）です．もちろん，自前の蓄電バッテリもっていますが，打上げ中は絶食状態となるため，軌道到達・分離直後には，まず太陽電池パドルを展開し，再充電しなければなりません．そのときに夜，つまり地球の陰に入らないことが条件です．したがって，周期の長い長楕円軌道に投入される静止衛星などでは制約がより厳しくなります．逆算して，夜間の打上げが求められることも稀ではありません．また，地球外天体を狙う場合，時間幅は数秒から数十秒といっそう狭くなります．打上げ後，最低限の軌道修正（mid-course maneuver）はできるものの，それでも動いている1点を狙わなければならないことを想像してください．その日の打上げウィンドウ中に打ち上げられないと，翌日までおあずけ状態となります．タイムアウトを何日も繰り返すと，季節的にウィンドウが閉まってしまい（許容時間幅＜0），最悪1年待つことにもなりかねません．仮に火星向け打上げの場合だと地球との最接近は2年おきで，性能に余裕がなければ潔く待つことになります．

さて，最終気象判断が終わると，X－60分（打上げ前60分）の最終カウントダウンに入ります．各国ロケットとも，設計上許容できる打上げ気象条件が決まっています．それらは風速や降雨量などで，とくに落雷は致命的ですから，レーダで雷雲の距離を測定し，接近時にはカウントダウンを中断します．スペースシャトルチャレンジャー号の事故は，低気温で固体ロケットのゴムシールが硬化し，熱ガスが漏れ出したことが原因でした．一方，その昔の旧ソ連では，暴風雨の中で打ち上げた例があるとも聞きますが，余程の事情がなければ避けたいリスクです．多くの場合，射点サービス塔とロケットとの距離は数十 m に過ぎず，また打上げ直後の低速時には外乱を受けやすいため，強風時などに，打ち上げたロケットがサービス塔の高さをクリアするとまずは安堵するものです．

いよいよ，打上げ5分前にはシーケンサ（手順自動化コンピュータ）による自動カウントダウンに移行し，蒸発ガスを機外に排気するベント弁が閉まり，自動タンク加圧が始まります．打上げ6秒前（X－6秒）には，液体エンジンに点火します．この6秒間は，液体エンジンの正常立ち上がりを確認する時間です．異常があれば，まだ1段エンジンを停止できます．実際，H-Ⅱ 2号機は，エンジンが原因ではなかったものの，この仕組みがあったため救われました．

さて，正常にフルパワーに達したことを見計らって，固体ロケットブースタ（SRB）に点火信号が送られます．ここから先は，後戻りできません．固体ロケットはほとんど瞬時に立ち上がり，フル稼働状態となったロケットは，上昇を始めます（X＝0：リフトオフ）．このときの初期加速度は，およそ1.3 G～1.7 G が望ましいとされています．まず，1G ないと上昇できず，加速が遅すぎると重力損失，速すぎると空力損失がかさむため，絶妙のバランスが必要です．

さて，多くの場合，両脇にかかえた推力増強用固体ロケットブースタが着火しなけ

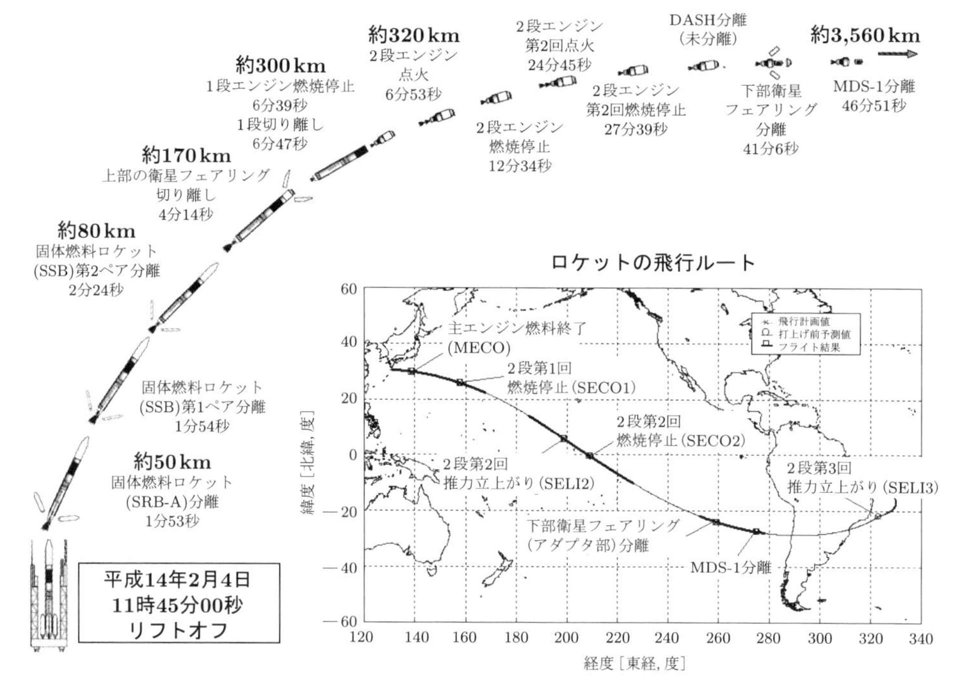

図 4.7　打上げシーケンス例 ©JAXA

ればロケットはもち上がりません．万が一どちらかが不着火を起こすと，その場で転倒するおそれもあるはずですが，幸いにもスペースシャトル，アリアンロケットとも，そのような事故例はありません．

図4.7に，2段再着火を含む打上げシーケンス(軌道投入手順)の典型例を示します．

射点サービス塔（図4.6参照）の高さを超えると，機体をひねり，経路傾斜（kick turn）を開始します．スペースシャトルでは，オービタを回転し，背面飛行になる形で傾斜を深めていきます．$t=1$ 分 40 秒〜2 分 30 秒（高度で数十 km）にも達すると，固体補助ロケットが燃え尽きるので（burn-out），その空ケースを分離・投棄します．この段階では，1段機体に搭載した推進薬も 3/4 程度に消費しており，1段エンジンの推進力のみで上昇を継続できます．$t=3$ 分 20 秒前後には，高度 100 km に達します．間もなく，搭載衛星を守っているフェアリングを二分割開頭し，投棄します．この高度では，大気密度も 7 桁低下し，衛星保護の必要がなくなる一方，まだ残るわずかな大気抵抗やエンジン加速度を開頭に利用できる絶妙のタイミングを狙います．およそ $t=6$ 分 40 秒では，推進薬を使い果たして1段エンジンが燃焼停止します．酸化剤と燃料を均等に使い切って，どちらもピタリと残留液量ゼロとなるのが理想的状態です（depletion cut-off）．下手に残すと，要らぬおもりを積んでいったことになり，明らかな損となります．

さて，役割を果たした 1 段空機体を切り捨て，直後には 2 段エンジンに点火します．この段階で，到達速度は 5,000 m/s 程度です．まだ軌道周回速度には届かないため，分離された 1 段機体は，そのまま放物線を描いて海上に落下します．2 段エンジン推進力は 150 kN（～15 tonf）程度であるのに対し，機体質量はそれを上回って 30 トンもあります．そのため垂直上昇はできませんが，すでに経路は水平に近いため，問題なく周回方向に増速可能です．投入軌道精度を向上させるため，2 段推進薬は使い切りません．

目標値を満たしたところで，誘導装置からエンジン停止信号を送り，強制停止させることが一般的です（velocity cut-off）．低軌道衛星ならば，2 段空機体を分離・投棄し，晴れて軌道投入が完了，ここでロケットの役割は終わります．さらに高軌道，たとえば静止軌道を狙う場合には，定められた近地点で，2 段エンジンの再着火を行い，長楕円軌道（GTO）に遷移し，衛星を分離します．射場で打上げ成功の拍手が起こるのは，この瞬間です．

2 段機体は，自ら衛星と同じ周回軌道に入り，場合によっては 10 年以上も周回し続けます．わずかながらも推進薬を残したまま周回する上段機体が軌道上にあふれていては，将来安全な打上げは不可能です．軌道に到達した質量は，まさに軌道上資源とはいうものの，放置しては障害物（デブリ：残骸・破片）にほかなりません．昨今，2 段機体は，残った推進薬を用いて意図的に逆噴射して減速を図り，地球大気中で燃え尽きるよう，安全域を狙って再突入（controlled-reentry）させています．将来的には，軌道上で推進薬を再充填し，月や火星に向けた物資輸送，また深宇宙探査に使うなど，有効再利用を図りたいものです．

さて，地球低軌道までならばわずか 15 分間の旅程ですが，その間に致命的な故障が発生すると，ロケットは海上・地上を問わず，間違いなく地球表面に落下します．正常に分離・投棄された固体空ロケットや 1 段空機体については，あらかじめ落下海域を想定し，安全規制していますが，当然ながら不慮の故障時には地上規制が間に合いません．したがって，実際の軌道に沿って機体が落下分散しうる領域を刻々と計算・推定し，人口密度の高い，たとえば都市領域などに重なる見込みとなったときには，飛行中断させる算段になっています．飛行中断とは，平たくいえば，「指令破壊＝ロケットを爆破し，無害化する」ことを指します．あまり知られていませんが，有人ロケット以外，使い捨てロケットは基本的に自爆装置をもっています．機体がそのまま地上や海上に落下し，その場で推進薬が混合・爆発する事態が最悪です．飛行中断は落下前に巨大タンクを割り，推進薬を空中に散逸させることが目的で，わが国では，過去2回，この指令破壊が行われました．最初が，H-Ⅱロケット5号機，つぎが同8号機です．そのあらましについては第6章に示します．このように，ロケットは安定軌道に到達するまで厳重に監視され，異常時には破壊して被害を最少化することが国際的にも義務と見なされています．

4.5 ロケットはどのように進化するか？ —いつまでも使い捨てのはずはない—

技術導入に始まり，H-Iロケットでは，国産開発への第一歩（1986）を踏み出しました．そして，H-Ⅱロケットでようやく全段国産化（1994）にたどり着いたところです．以上でも以下でもなく，これがわが国の実用ロケット進化の全貌です．新しいロケットの完成にいまから10年を要するならば，つぎは2027年です．H-Ⅱロケットの開発から30年以上を経たつぎの一歩ならば，大型化や低価格のみに留まることなく，その先の世界に伍していく独自の新しい概念や価値にぜひ挑戦してもらいたいところです．輸送系は手段にして，買ってくればよいとの意見もあり得ますが，対等の技術をもたずに依存状態となれば，結局「お下がり」と「干渉」に甘んじるしかないことは歴史が証明しています．

実は，1970年代末，H-Iロケット開発に取り組んでいた，当の宇宙開発事業団（NASDA）のなかですら，根強い慎重論がありました．いわく，「間もなく乗り合いバス（スペースシャトル）ができるのに，なぜ自家用車（H-Iロケット）が必要なのか？」当時，スペースシャトルは画期的な概念で，わずか12億円で，29.5トンのペイロードを繰り返し運べるはずでした．絶賛する講演会が何度も開催されたのもこの頃です．しかし，ご存知のとおり，スペースシャトルはすでに退役しました．もちろん今後の復活や改良，発展にも期待したいのですが，それにしても，人間のどんな構想にも完璧はありません．宇宙への道を閉ざさないためにも，相互に競争し，補完し，多様性を維持することがまさに国際貢献と思えてなりません．

では，今後宇宙輸送ロケットはどのように進化するのでしょうか？ 現用されている使い捨てロケットは，元をただせば前世界大戦の末期，フォン・ブラウン（Wernher von Braun, 1912-1977）の開発したドイツのV-2ミサイルの末裔・発展型にすぎません．

1980年代後半から90年代のアメリカでは，スペースシャトルの後継に，ロケットの延長ではない新規概念として，NASP（national aero-space plane）が提唱されました．また，ヨーロッパではFESTIP（future European space transportation investigation program）として，地球・軌道間を往復する航空機的輸送概念が精力的に研究されています．ときのレーガン大統領の肝いりで，アメリカNASPの実験機X-30（図4.8）は順調ならば1997年には初飛行するはずでしたが，空気吸込み式極超音速エンジンや，機体全体の冷却・耐熱材料・軽量化など実現の見通しが立たず，1994年には開発中断のやむなきに至っています．いまだ，空気吸込み実用機の速度記録は，およそ1,000 m/s（ロッキードSR71偵察機）にとどまります．

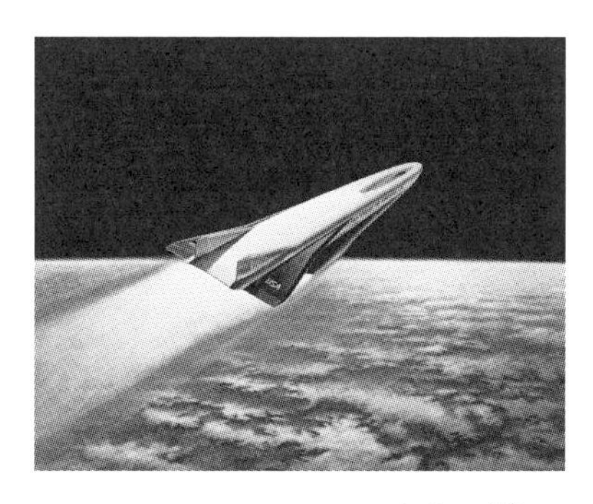

図4.8　NASPのX-30想像図[40)]

NASP中断の後，NASAは再使用打上げロケット（RLV: reusable launch vehicle）について前例のない開発方針を発表します．これは，技術実証のために企業の負担を求めるのみでなく，実運用機の開発は完全に民間の投資に任せるという軍用機並みの考え方で，思い切った民営化でコスト低減を狙うものでした．1995年には，空気吸込み式極超音速エンジンをロケットエンジンに置き換え，RLV実験機X-33概念設計のCAN（cooperative agreement notice：共同開発提案募集）を発出し，3社の応募のなかから，ロッキードマーチン社のVenture Star計画を採用しています．垂直打上げ（VL：vertical launch）・水平帰還（HL：horizontal landing）の形態で，高度にかかわらず最適膨張可能な高度補償エンジン（リニアエアロスパイク）を装備する構想でした．その運用概念と構造を図4.9に示します．翌年には実験機の製造にかかり，2000年までには初飛行が予定されていましたが，不可欠な軽量化複合材タンクの開発に失敗し，計画は全面キャンセルされました．

(a) X-33 運用概念想像図

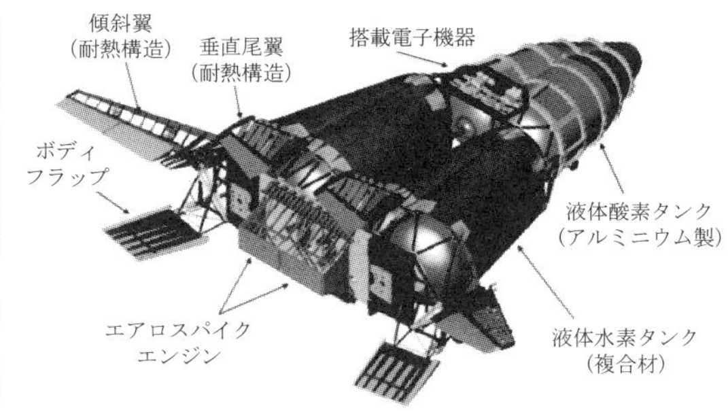

(b) X-33 構造

図 4.9　アメリカの SSTO 概念図[50,51] ©NASA

最終要求である「全機体の完全再使用化（＝完全地上回収）」「SSTO」は，一部使い捨てのスペースシャトルに比べても，大変高いハードルだったのです．当面，「完全再使用」「SSTO」の見通しが立たないとすれば，段階的移行も突破口となりえます．軌道に到達する上段機体を地上に回収しないことを前提に，「2段式軌道到達機（TSTO：two-stage to orbit）」の実現を先行し，将来的に「SSTO」と使い分ける構想も合理的です．低空・低速域からの大規模1段機体を回収することは，実現性もコスト効果上も理に適っています．

「SSTO」は，地球低軌道まで往復するだけならまさに最適概念であり，当時米軍関係者は，「TSTO なら年 50 回だが，SSTO なら年 1,000 回以上運用する」と発言しています．ただし，軌道到達に必要な特異的大エネルギーを考えると，全機体を往復させることは，輸送が主目的の場合，必ずしも合理的とはいえません．短寿命小型観測衛星の日常的軌道投入，あるいは有人宇宙パトロール，日常訓練などを想定したものと推測されます．

同じ全備質量の TSTO で，下段機体のみを地上回収した場合，軌道投入能力は，SSTO の3倍を楽に超える計算となります．また，宇宙開発のゴールは，地球周回軌道に留まりません．現在，デブリ扱いで使い捨てる上段機体も，軌道上で再充填できれば，エネルギーの平原に向かってつぎの一歩を踏み出すなど，再利用が可能となるはずです．

現在の使い捨てロケットは，いわば一発勝負の「独“弾”専行型」です．いったん射点を離れれば，飛んで行きっ放しで，その間なにがあろうと自分で何とかするしかありません．ほかから助けようはなく，見込みがなくなれば破壊される運命です．一方，地上輸送を振り返れば，輸送対象・輸送先・輸送環境によって，合理的な使い分けや乗り換え，エネルギー配分があることは明らかです．故障したトラックをそのまま放棄，あるいは爆破するなど，あり得ないことです．宇宙輸送も，再使用化を前提にすれば，エネルギーの平面を循環するOTV（orbital transfer vehicle：軌道変換機）ネットワークを基本構造として，より遠隔輸送に消耗するOTV基数，また地上から新たに供給される基数（＝打上げロケット上段）など収支を整合するほか，推進薬充填ステーションや推進薬輸送タンカー，天体上推進薬製造基地，レスキュー，ロードサービスなど，宇宙輸送全体体系の構築や最適化，洗練化が進むことは明らかです．これらを見越したうえ，SSTOとTSTOの使い分けも勘案する必要があるものと考えています．

さらにRLVには画期的な長所があります．繰返し運用のコスト低減ばかりではなく，アボート能力（abort：危機離脱），平たくいえば「危うければ，いちヌケて帰ってくる」ことが可能となります．その結果，修理もやり直しも効くため，一発必中の尋常ならぬ信頼度要求も影を潜め，汎用の輸送システムとして普及していくきっかけになると考えています．もちろん，再使用型とはいえ，その過大なエネルギー密度ゆえ，寿命は相変わらず有限です．新鋭機材は有人輸送に回し，寿命が切れた機材を使い捨てて大質量を軌道投入するなどさまざまな使い分けが可能です．あるいは，TSTOの

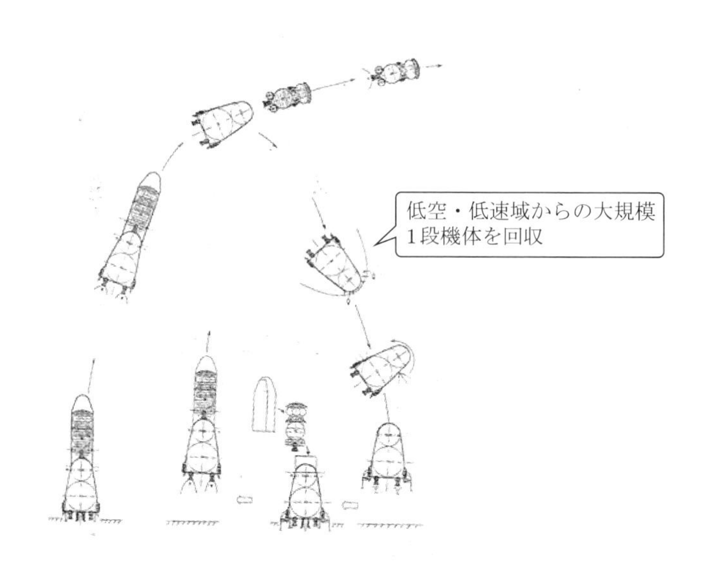

図4.10 再使用ロケット（RLV）運用例

場合，故障発生時には，たとえば寿命間近の1段機体の回収をあきらめて上段の軌道到達を優先するなど，さまざまな運用上のバリエーションも有効活用できそうです．

実は，再使用化については，国内でも長く議論されており，再使用観測ロケットに向けて，ようやく国内でも小型水素エンジン燃焼実験が緒についたところです．同様のTSTO構想は，NASAに支援されたアメリカの民間企業（Space-X社）が実機（Falcon 9 Reusable）を用いて実証飛行実験を始めており，先般洋上船台への軟着陸にも成功し，すでに水をあけられてしまいました．図4.10には，わが国のTSTO構想の一例（@1995）を示しておきます．次世代には，独弾・単発ものではなく，全体輸送体系を見通したうえ，要となるつぎの一歩に期待したいところです．

ロケットおよびロケットエンジンを完成させるには？
—プロジェクト推進入門—

第5章 ロケットエンジン開発計画とその実際 —ぶれることは許されない—

宇宙開発は巨大科学とよばれることも多いのですが，確かにそのゴールによっては，兆円規模の資金，10年以上にも及ぶ開発期間がかかります．この間には，国際情勢も経済状態も，あるいは国の施策も推移し，当初の計画を堅持・貫徹することは，なかなか容易ではありません．多くは，威信をかけた国家プロジェクト，あるいは国際共同プロジェクトとして定義され，命脈を保ってきました．それにしても，動機や利害関係の異なる多くの組織，部門が関わるほど，一貫一致した開発目標を共有することが困難であることは想像に難くありません．開発の終盤にいざ集まって全体を組み上げてみたら，こんなはずではなかった，ではすまされないのです．

さらに開発には，長期的競争力や技術優位性を確保し，技術を進化させるためにも，必然的に技術挑戦を盛り込みます．さもなくば，新たに資金投下する価値や根拠を見出せないことになります．すると，技術的トラブルも必然で，対策の手筈や代替案の準備なども考慮しておかねばなりません．もっとも，高リスクの新規技術を盛り込み過ぎて，開発が破綻・頓挫しては本末転倒であることはいうまでもありません．

これら開発管理の基本は，アメリカの有人月面探査計画であるアポロプロジェクトで集大成され，1970年代のNASAの文献などに網羅されています．その後，SE（システムズエンジニアリング）として，汎用化・洗練が進められていますが，基本に立ち返る意味で，宇宙開発に特化した当時の文献を表5.1に挙げておきます．

表5.1

(1)	PROJECT MANAGER'S HANDBOOK （プロジェクトマネジャーズハンドブック）	NASA GHB 7150.1A, 1972
(2)	DESIGN REVIEW HANDBOOK （設計審査ハンドブック）	ROCKETDYNE Pub. 578-A-1 Rev.10-68
(3)	DESIGN-DEVELOPMENT TESTING （設計・開発試験）	NASA SP-8043, 1970
(4)	QUALIFICATION TESTING（認定試験）	NASA SP-8044, 1970
(5)	ACCEPTANCE TESTING（受領試験）	NASA SP-8045, 1970

5.1 プロジェクトとはなにか？ ―新しい価値を創造する―

さて，「プロジェクト（project）」とはなんのことでしょうか？「開発計画」と訳しても，一般的すぎてそのニュアンスは伝わりませんが，それ以外に相当する日本語は見当たりません．プロジェクトの最大の特性は，まず「到達すべき目標・要求」が明確に定義されていることです．さらに，その目標は，大規模投資の見返りとなるわけですから，ありきたりなものや焼き直しですむはずはなく，「新しい価値の創造」でなくてはなりません．また，おおよそできたからこの辺でよいだろうとの曖昧さもあり得ません．「達成か頓挫か」の二者択一です．一方，遂行するために使えるリソース（資源＝時間や資金など）には限界があり，よくて「必要最小」，ともすれば，なんとか計画を認めてもらう代償に「値切り倒し状態」という場合もあり得ます．結局，有限な（欠乏しがちな？）リソースを最大限に活用して，定められた「目標・要求・価値」を実現するために行う一連の活動が，プロジェクトということになります（図5.1）．

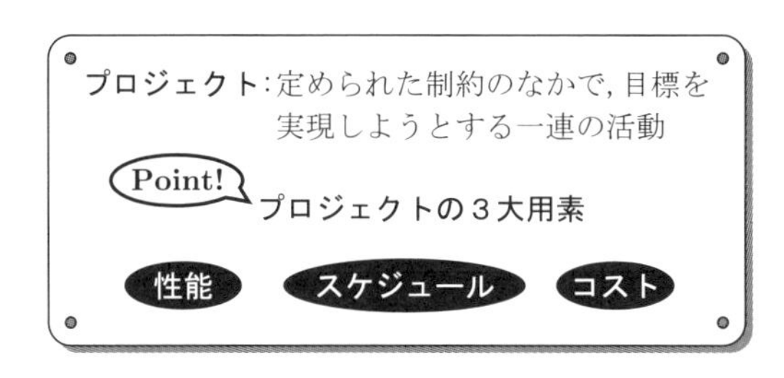

図5.1　プロジェクトとは？

もちろん，プロジェクト遂行の途上で，見直しが必要になることもあります．実行部隊の身内だけで好きに変えられるはずはなく，顧客や財政部門を含む関係者全体で審議され（多くの場合，「針のむしろ」です），見返りが投資に見合わないと判定されれば，中止あるいは条件を満たすまで延期されることになります．

結局，プロジェクトの3大要素として，「**要求性能**（performance），**完成時期**（schedule），**必要経費**（cost）」が定義され，達成度を日々管理していくことになります．開発体制や陣容も主要要素だろうとの異見もあり得ますが，これらは，期間やコストの制約のなかで，最適に配分，手当されるべき付帯的要件とみなされます．最上位の要求は顧客の期待なのですが，「他国に負けないこと」など漠然としていては，達成度評価も曖昧かつ散漫になってしまいます．これらの一般的な期待を，具体的な性能要求や技術水準に置き換えるために，品質機能展開（QFD：qualification function deployment）などの手法が用いられることもあります．表5.2に，アメリカの次世代

エンジンに対する性能要求の一例を示します．故障しにくいこと（信頼性）も性能のうちととらえられていることなど注目してください．

表 5.2 設計要求（案）[49)]

• 使用・環境条件	米空軍 次世代上段エンジン
• 推進薬	液体酸素/液体水素
• 混合比	飛行中に調整可能なこと
• 比推力	要求＞ 465 秒
• ノズル	固定が望ましい
• 推力	110〜160 kN (11.35〜15.9 tonf)
• スロットル	< 95 kN (9.5 tonf)
• 再着火	最低 4 回
• サイズ	全長 < 90 inch (2,286 mm) ノズル出口径 < 73 inch (1,854 mm)
• 寿命	累計 3,000 秒以上
• 再使用性	要求しない
• 信頼性	> 0.9990

ここで，入力をリソース（時間：T，およびコスト：C），出力を性能：P とみなすと，入出力間にはなんらかの伝達関数が定義できるはずです．あるいは，関数形で記述できるかもしれません．

得られる性能: $P = f(T, C)$

すると，相互の感度を知りたくなるところですが，実際のところ，定量化はままなりません．時間とコストも独立変数ではなく，遅れた時間を取り返すために，費用をかける事態も発生します．多くのプロジェクトにおいて，要求性能を死守するために，完成時期が遅れ，コストオーバーランが発生しています．

プロジェクトを簡単に破綻させないためにも，計画段階で，それぞれ標準目標のほか，ゆずれる限界を定義しておくなど，余裕を見込んでおくことは必須です．逆に，成功要件（success criteria）のほか，おまけ的成功要件（extra success criteria）が定義されることもあります．これらの余裕代は必ずしも公開せず，プロジェクト責任者が「ポケットに隠しておいて小出しに使う」ことも破綻を回避するうえで有効な方法の一つです．

隠しリソースを別にすれば，これらの主要 3 要素に関する情報は，中心的な誰かが知っていればそれでよいということにはなりません．関連する部門や組織全体に展開・共有・浸透させ，開発期間を通じて足並みをそろえていくことが必要です．そのためには，文書として制定し，維持や変更管理していくことが常套です．プロジェクト遂行上でバイブルとなる文書を図5.2に示します．

（1）**開発仕様書**
開発すべきシステム(技術要求)を定義

（2）**プロジェクト計画書**
開発に必要なリソース(スケジュール/資金/組織・体制)を定義

図5.2　プロジェクト遂行上のバイブル

開発すべき宇宙システムは複雑多岐にわたり，単独文書にすべてを網羅することは現実的ではありません．

親システム → 子システム → 孫コンポーネント（構成機器）→ 曽孫部品

といった順番に階層・系統に分類し，それぞれにサブ（下位）仕様書・サブ（下位）プロジェクト計画書などを割り当てていくことになります．これらを文書体系とよびますが，どこかに変更が生じた場合，影響を受ける部分を漏らさず抽出し，連動させていくことが必須です．言うは易いのですが，実はなかなか大変な作業です．

また，構成要素が増えるに従って，上下位要素間，あるいは同じ階層の部品間の結合条件，分担などの約束事を決めておく必要があります．これらを「インターフェイス」とよびますが，やはり相当する日本語は見当たらないようです．規定すべきインターフェイスの種類を，表5.3に示します．

表5.3

(1) 機械的インターフェイス（動的・過渡的応答含む）	形状，サイズ，座標，空間，材料，強度，音響・振動，変形，摩擦・摩耗など
(2) 流体的インターフェイス（動的・過渡的応答含む）	流体物性，圧力，温度，流れ方向，流速など
(3) 電気的インターフェイス	電圧，電流，インピーダンス，信号プロトコル，電磁干渉など
(4) そのほか，熱環境的，試験設備間，人的インターフェイス	要員によるアクセス・点検なども考慮

インターフェイスが整合しない，あるいは不足や欠落があり，組み立てられないなどという不調は，意外に発生しがちです．また，要素相互間に留まらず，目視点検や分解調整が想定される機器に作業者がアクセスできなくては，結局正常な機能を検証できません．要員とのインターフェイスも含めて配慮が必要です．

5.2 開発の手順・ステップ ―近道・定型はないけれど…―

つぎに，実際の開発プロジェクトの創出と実行の流れをみてみましょう．そもそも，目的は「新しい価値を創造すること」なので，なにも定型パターンがあるわけではありませんが，必要な配慮が抜け落ちないように，従来から行われてきた実例を挙げて説明します．LE-7 エンジン開発をモデルに，プロジェクトの 1 サイクルを図 5.3 に示します．

宇宙開発はフロンティアです．沿ってたどれば目標に到達できるレールが敷かれているわけではありません．トップダウンで指示されるプロジェクトを別にすれば，具体的に，新しい目標を提案し，合意を図り，社会に認知してもらうことは至難の業です．海外動向，自らの技術水準を見据え，リソースの投下に見合うなんらかの新しい

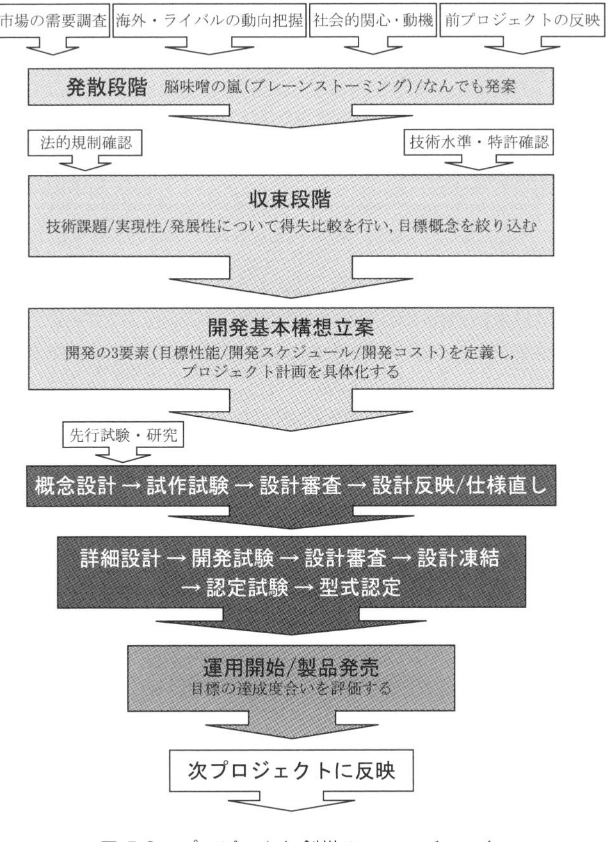

図 5.3　プロジェクト創世のフローチャート

価値を提案できねばなりません．技術的に遅れを取っていれば，海外と同じ土俵で勝負することは無謀です．無理に低価格を売り物にするのでなければ，使い捨てロケットを再使用ロケットに切り替えるなど，新しい土俵やルール，画期的概念や便宜を提案できねばなりません．この段階を，組織的に定型的に推進できないか，多くの組織が同様に悩んでいるのですが，どうも近道は見当たらないようです．

結局，寄ってたかって合意していくというよりは，少数有志がアイデアを温め，ブレーンストーミングを重ねつつ，組織内中間管理層の反対を押し切って，ようやく日の目を見るといった経過も稀ではありません．

それについて，つぎのような記憶が蘇ってきました．H-I ロケットが完成に近づき，まだその後の見通しが立たない頃の某経営幹部の発言です．

「自分にとって宇宙分野は専門外であり，若い人たちが，10年，20年後に向かって真剣に提案するならば，全力で応援したい．」

日頃温めた提案や企画を直訴するビッグチャンスです．以前，「プロジェクトは，立ち上げるのと，中止するのとどちらが難しいか」との議論があり，後者が難しいとの答えが多数を占めましたが，とんでもないことです．前述のとおり，審査や評価する機能が健全ならば，投下リソースに見合わないプロジェクトは自動的に止まります．

さて，針の穴をくぐるように，プロジェクトが立ち上がり，目標と制約が決まったとして，どのように遂行すべきかがつぎの課題です．いきなり実物をつくり上げて，そのまま宇宙に打ち上げられるほど甘くはありません．ロケットに比べて数倍も高価な搭載衛星まで含まれるため，打上げに失敗すれば損害は急拡大します．ましてや，地上の安全にもかかわります．宇宙空間で遭遇しうる環境変化を想定して，地上で確認できることはすべて実証しきっておくことが基本です．ギリギリの軽量化を図っているため，限界的実証を試みれば，その初期にはなんらかの損傷が発生します．原因を究めたうえ，対策し，さらに類似部分に水平展開しつつ，完成に追い込んでいきます．

これら算段は，アメリカのアポロ月面着陸プロジェクトなどで手順として確立されており，技術導入した経緯から，わが国も踏襲しています．図5.4に示すとおり，開発期間は ①～④ の4段階から組み立てられます．各段階ごとに到達目標が定義され，設計 → 試作 → 実証試験を行った結果，その成果として「設計の妥当性」が審査されます．製造物そのものの出来を評価するわけではありません．その結果，不十分と判定されて差し戻された場合には，再審査をクリアするまで次段階に進むことはできません．当然に，次段階向けの資金も供給停止されます．

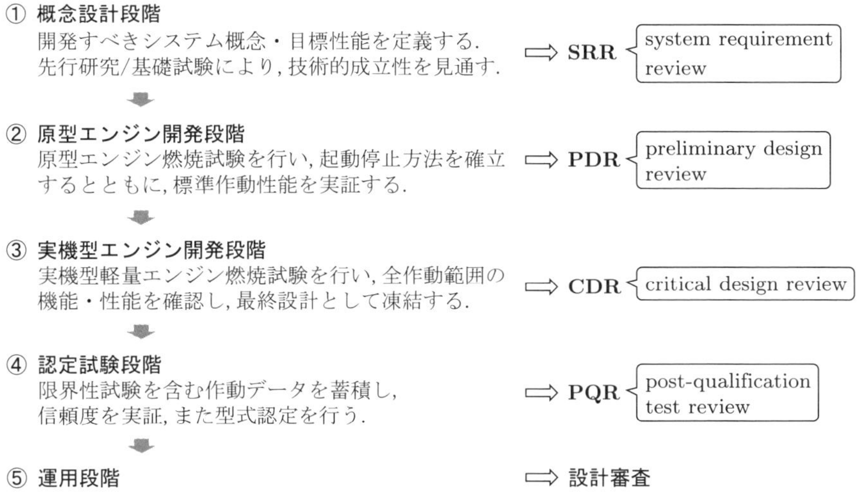

① **概念設計段階**
開発すべきシステム概念・目標性能を定義する.
先行研究/基礎試験により, 技術的成立性を見通す. ⟹ **SRR** 〈 system requirement review

② **原型エンジン開発段階**
原型エンジン燃焼試験を行い, 起動停止方法を確立するとともに, 標準作動性能を実証する. ⟹ **PDR** 〈 preliminary design review

③ **実機型エンジン開発段階**
実機型軽量エンジン燃焼試験を行い, 全作動範囲の機能・性能を確認し, 最終設計として凍結する. ⟹ **CDR** 〈 critical design review

④ **認定試験段階**
限界性試験を含む作動データを蓄積し, 信頼度を実証, また型式認定を行う. ⟹ **PQR** 〈 post-qualification test review

⑤ **運用段階** ⟹ **設計審査**

図 5.4 エンジン開発のマイルストン

②の原型エンジン開発段階までは, いわば研究段階で, 本格開発には至っていません. 予備設計審査 (PDR) をクリアして, 技術的成立性や実現性が合意されると, つぎの③実機型エンジン開発段階から, 資金供給も拡大し, 打上げ時期を定義した本格開発に移行します. 軽量化や実機搭載を意図したフライトモデルエンジンを複数基製造し, 決められた範囲の作動条件や性能を満たせるか, 地上実証燃焼実験を繰り返し, 顕在化する不調に対して対策や改善を積み重ねます. 詳細設計審査 (CDR) をクリアすると, 設計・製造工程は確定・凍結 (frozen) され, その先は, 厳密に同一設計のエンジンについて, 限界性能, 耐久性を地上検証していくことになります (素性の異なるエンジンを混在させることは許容されません). ④の認定試験段階では, 複数の最終設計エンジンを使って, エンジン個々の製造ばらつきを把握・抑制することも含め, 設計余裕や信頼性などを燃焼実証していきます. 必要によっては, 意図的に破壊や損傷に至る極限条件で運転し, 破壊限界を実証することも行われます. 認定試験後審査 (PQR) をクリアすると, 製品として型式認定され, ⑤の実運用段階に移行します.

では, 設計確定後の認定試験中にトラブルが発生し, 設計変更が発生するとどうなるのでしょうか? その場合, 改良済エンジンをそろえて, 最初から認定試験をやり直すことが原則です. ただし, 変更の影響範囲を考慮しつつ, 節約のためにも流用できる過去の試験データは極力有効利用することが実情です. 認定試験中の設計変更は本来あってはならないのですが, 実際には起こりがちです.

図5.5に，H-Ⅱロケット1段主エンジンLE-7の開発スケジュール（初期計画）を示します．エンジンそのものの設計や試作ばかりでなく，試験設備群の新設に数年を要しています．したがって，立ち上げに相当規模の初期資金が必要となります．また，開発リスクを軽減するために，酸素・水素ターボポンプなど，技術難度の高い構成機器については，いきなりエンジンに組み上げるのではなく，単独運転で性能検証した後，エンジンシステムに組み上げて燃焼試験に移行する積み上げ方式を採用しています．さらに，実際の開発段階は，完全に順番につながるわけではなく，全体スケジュールを短縮するために，材料調達や事前設計など，回復可能な範囲でフライング（期間重複）を許します．それでも，LE-7エンジンの開発では，過渡的過大熱応力などによって破壊や損傷を多発し，結局，2年間の打上げ遅延が発生しました．

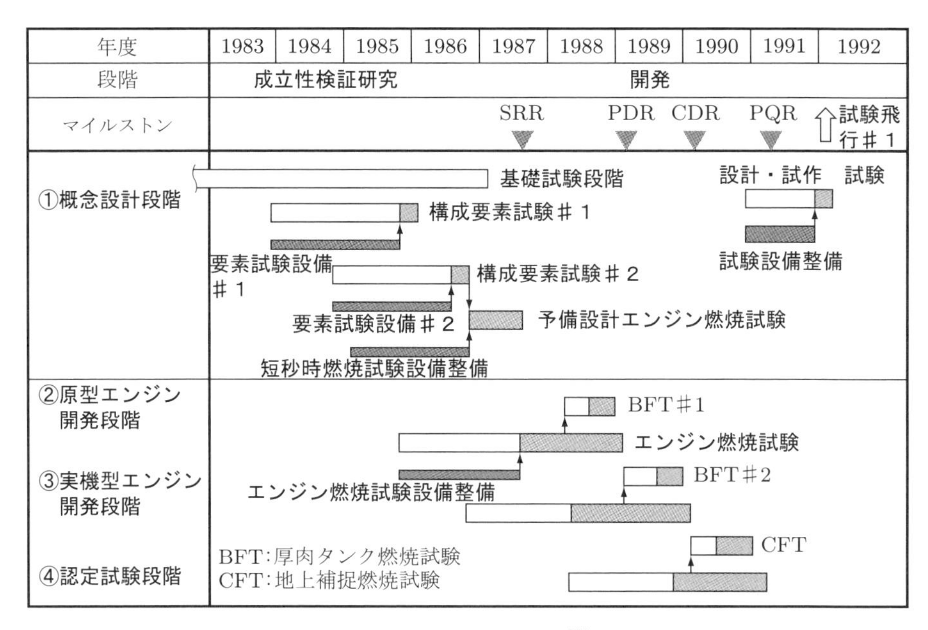

図5.5　開発ステップ例[21)]

図中のBFTとCFTは，エンジンと推進薬タンクを縦置きに組み合わせる，つまりロケット実機に近い形で行うステージ燃焼試験を指しています．前者のBFTを直訳すると「軍艦燃焼試験（battleship firing test）」となるのですが，これは初期の未成熟エンジンの損傷が推進薬タンクに及ぶと大事故になりかねないため，タンクを軍艦並に補強・防御して行うことに由来するものです．後者のCFTは「捕捉燃焼試験（capture firing test）」（図5.6参照）で，文字どおり軽量化実機タンクを用いるため，

図 5.6　首なしロケットの CFT（捕捉燃焼試験）©JAXA

地上固定・束縛を解除すれば，実際に打ち上がってしまいます．

以上のとおり，設計 → 試作 → 試験 → 評価・審査（設計見直し）の繰返しが，開発上の主要なサイクル構成となりますが，これらの作業項目も，文書体系同様，階層・機器部品単位で多岐にわたります．目標やリソース管理とは別な観点で，必要な作業をすべて洗い出し，まとめあげた作業階層リストを WBS（work breakdown structure）とよびます．ここで取りこぼしや抜けがあると致命的です．練りに練るのですが，やはり机上で組み上げたとおりに物事が進むはずもありません．目標性能を達成できなければ言語道断であり，遅れても全体進行の足を引っ張ることになります．なかでも，ある課題を克服できないとつぎのステップに進めない一本道の工程や，複数工程が並行して進捗しているなかで，とくに長時間を要することがわかっている工程は，全体の進捗速度を支配することになり，特別な注意が必要です．実際，ターボポンプの定格運転を達成できるまで，エンジン他部門は指をくわえて待っていなければなりません．さらに，エンジン燃焼試験が終わらないと，ステージ燃焼試験にかかれないなど，遅れの連鎖が続くことになります．これらの開発作業進捗の速度を支配する工程の連鎖をクリティカルパス（critical path）とよび，厳重に進捗を監視することが必要です．さらに，クリティカルパスに対しては，コンティンジェンシー計画（contingency plan）を準備しておくことが常套です．これは遅れが不可避となったときに発動する代替計画，あるいは迂回計画を指し，遅れの連鎖を最小限にとどめ，損害を軽減することが目的です．

5.3 開発体制 ―体制・組織も開発対象―

アメリカの月探査アポロ計画を率いたフォン・ブラウンは，その著書「火星計画(1962)」の序文にこう記述しています．

> 「真に迫る科学小説とうたった読物が巷にあふれている．これらの物語の中心人物は，通常は英雄的発明家であり，信頼できる仲間の一団に囲まれて，人里離れた裏庭で神秘的な流線型宇宙船を密かに完成させる．そしてある深夜，彼は仲間とともに，途方もない危険に立ち向かい太陽系をめざして飛び立つのだ――そしてもちろん成功する．
>
> 長期間にわたる液体ロケットの実際の開発を見ても，現実の宇宙旅行は，いかに独創的であろうとも在野の発明家に成し遂げられるものでないことは明らかになっている．近代科学と産業のすべての分野に属する科学者，技術者，調整者たちの結集された力によってはじめて成し遂げることができる．天文学者，医者，数学者，技術者，物理学者，化学者，そしてテストパイロットも不可欠である．さらに，エコノミスト，実業家，外交官，ほか多くの専門家の役割も決してそれ以下とはいえない．ロケット技術者は，これらの多様な能力を，ロケット工学の将来そのものにも等しい宇宙旅行の実現に向かって結集させることが職務となる．」

(Wernher von Broun, “The Mars Project”, p.1, University of Illinois Press, 1962)

宇宙開発に留まらず，先端科学システムは巨大化・複雑化の一途をたどり，全貌を見通すことが難しくなっています．分野別に高度に専門化しているため，一人のエキスパートが全貌を子細に把握し，采配することはほとんど不可能です．階層ごとに多くのチームが分業を行い，プロジェクトの指揮者たるPM（プロジェクトマネジャー）は，全体の進行管理やリソース配分の要を握ることが基本体制です．とくに，トラブル発生時の立て直しには，強力な権限が必要です．アメリカのアポロ計画におけるフォン・ブラウン，旧ソ連の打上げ体系を構築したコロリョフなどは，それぞれときの大統領や書記長につながるホットラインをもっていたと聞いてます．

一方で，これだけ異分野のエキスパートが集結すれば，簡単に話がまとまるはずもありません．意見の対立は茶飯事で，掴み合いが起こることも稀ではなかったようです．そんなとき，フォン・ブラウンは，じっと双方の言い分に耳を傾けた後，こう発言したといいます．

「ところで諸君は月に行きたいのかね，行きたくないのかね？」

すると激論は収まり，いつか妥協案がまとまったといいます．フォン・ブラウン自身が，一つひとつ裁定して決着させたということばかりではないようです．

結局，目標やゴールさえ共有できれば，各部門の主体性に委ねることが可能で，そのほうがよほど積極的な対処や成果を期待できるはずです．どうすれば目標やゴールを共有できるのか，また共有していることを確認できるのか，ここがPMの思案のしどころです．リーダーの役割とは，鼻面を引きずり回すことではなく，目標の共有を確認しつつ，手綱を離すことでなくてはならないようです．

5.4 LE-5 エンジン開発の事例 ―液体水素ことはじめ―

以下では，エンジンの開発事例とともに，実際のプロジェクトがどのように進められたかについて紹介します．まずプロジェクトの目的は，1985 年後半の試験打上げをめざして国産初の液体酸素/水素エンジンを完成することで，目標推力，比推力，エンジン質量などが定義されました．

結果として国内英知を結集して開発体制を組むことができ，理想的な開発だったと振り返る向きもあるのですが，実際は爆発や火災事故をも経験し，決して順風満帆な開発ばかりではありませんでした．小型エンジンのため，損害の規模も小さくて目立たなかったことも「理想的」とみなされた理由の一つです．それでもその初期，高回転液体水素ターボポンプの開発は難航しました．一時は経営陣から「一から設計をやり直せ（ゼロベース設計見直し）」の指示が飛び，収拾に苦しんだのですが，回転軸構造を分割型から一体型に，結局計画どおりに発展させることで問題解決に漕ぎつけることができました．

その後，酸素・水素両ターボポンプと燃焼室を組み合わせ，システム燃焼試験にかかりました．極低温酸素や水素が突沸しないように，十分ポンプを冷やし込んだ後（予冷），燃焼室に点火し，適正な混合比を保ちつつ，全系を立ち上げる手順（シーケンス）を確立するには，行きつ戻りつ試行錯誤を繰り返しました．

冷やし込みでは，紛れ込んだ大気中の水分ばかりか大気自体も凍結し（液体水素温度の零下 253°C （= 20 K）では，酸素も窒素も凍結します），細かい流路を塞いだり，点火電流を迷走させました．また，振動や変形によって水素は容易に漏洩し，すると着火源には事欠かず，多くは火災に至ったのです．

起動手順が確立されると，つぎに，大気環境から真空中の燃焼試験に進みました．高燃費を実証するためには，大口径ノズルを用いて実際に作動する真空環境まで燃焼ガスを膨張させ，高速噴射性能を確かめることが必要です．このために，角田ロケット開発センター（宮城県）に，わが国初の高空燃焼試験設備を整備しました．そこでは直径3.8 m，長さ7.8 mの真空槽の中にエンジンを固定し，蒸気動力の掃気装置で，毎秒30 kg発生する燃焼ガスを排気しつつ，450秒間のフル時間燃焼試験に成功しています．こうして，世界的にも至難とされていたエンジン再着火技術も独自に確立できました．

この直後には，ステージ燃焼試験に取り掛かります．その初期には，エンジン起動に失敗した結果，タンクもろとも火炎に包まれるといった塗炭の苦しみも経験しましたが，それも克服し，実機打上げに向けて自信を深めていきました．

この開発の間に，システム動特性シミュレータが確立され，予測のもとにエンジン燃焼試験を行えるようになったことを特記しておきます．これも，当時斬新独自のアイデアであった起動方法（タンクヘッドスタート）の実現性に疑義が上がり，検証のために突貫工事で計算アルゴリズムを創り上げたものです．結果的に，起動成立を検証できたうえ，予測計算結果は，その後の実データとよい一致を示しました．

前述のとおり，このLE-5エンジンを搭載したH-Iロケットは，開発開始から足掛け10年後の1986年初飛行に成功し，わが国の打上げロケット国産化の実質的第一歩となりました．図5.7には，現在運用中のLE-5Bエンジンを示します．

LE-5エンジン開発の大きな特徴として，開発体制に言及せねばなりません．当時はわが国の液体ロケット開発のまさに黎明期に当たり，宇宙開発事業団（NASDA），関連研究所，企業が文字どおり一体になって取り組みました．先行研究実験などを含め，密接な分業・分担は必須で，とくに当時航空宇宙技術研究所（NAL）の一部部門は，その全員が実機開発のために隣接するNASDAに通い詰めるなど，組織の枠を超えた協調関係を構築できました．研究を脇に置いて，開発に熱をあげているのではないか，などと内部批判もあったようですが，損得を超えて，世界水準に追いつこうと一丸になった時代でした．もちろん，技術的実現を見通し，設計の確定した後には，開発の主体を企業に移し，研究部門は将来構想や技術発展をめざす，といった長期的研究・開発のサイクルも構築できました．2003年には，改めて3機関（ISAS, NAL, NASDA）の統合を実現し，JAXAが誕生するのですが，エンジン開発の現場では，20年以上も前に融合が進んでいたといえます．

図 5.7　H-IIA ロケット上段エンジン LE-5B（ノズル径 ϕ1690）　©JAXA

5.5 LE-7 エンジン開発の事例　—世界の第一線をめざして—

LE-5 エンジンの設計を確定できた頃，次期ロケット構想が再燃しました．既定路線では，H-I ロケットの 3 段固体モータを小型水素エンジン（推力 20 kN 級）に置き換える「後段階 H-I ロケット」が計画されていたのですが，それでは 1 段ロケットはアメリカ導入技術のままで，主体的・自律的な打上げ運用はままなりません．H-I ロケット/LE-5 エンジンの開発進捗の勢いから，全段国産化の機運が高まり，一気にブースタ（1 段）エンジン LE-X の開発研究が加速します．

当初には，水素のほか，ケロシンやメタンも推進薬候補に挙がりましたが，LE-5 技術の継承上，また 1981 年には，アメリカのスペースシャトルが初飛行に成功しており，世界水準の追求などをも意図したうえ，H-II ロケット/高圧水素ブースタエンジン LE-7 の開発着手が決定されました．

当時，国際的通信衛星（インテルサットなど）の規模が急拡大しつつあり，遅れをとらないためにも，国内関連企業自前の大型通信衛星を打ち上げることが急務となっていました．その結果，H-I ロケットの静止衛星打上げ能力 550 kg から，後段階 H-I ロケットの 800 kg をすっ飛ばし，H-II ロケットで世界水準の 2,000 kg まで一挙に拡大することになるのです．もちろん既定路線をひっくり返すには紆余曲折があったはずですが，素早く方向転換できたこと自体，奇跡的な時代だったと思えてなりません．こと全段国産化のためには，部品調達も自前であることが前提で，国内の関係企業にアンケートをとるなど，広く協力をよびかけました．おおいに賛同を集めたものの，年間2, 3個の需要とわかったとたんに追い返されたなどの悲しい逸話も残っています．

さて，1985年には，わが国初のブースタエンジンの開発にかかりますが，海面上（標高0 mの大気圧中，つまり一般射場の標高を指します）から真空中まで通して運転するブースタエンジンには，後述するように，特別な設計配慮が必要でした．

海面上の安定動作と，真空中の高膨張を両立させるために，高圧化は最優先の開発課題と位置づけられました．アメリカのSSMEの開発経過を見守りつつ，またわが国のターボポンプ軸振動のトラブル事例を反映して，水素側には2段構成遠心ポンプを採用し，結果として，わが国のLE-7エンジンは，燃焼圧力15 MPaを狙うことになりました．それでも，水素ターボポンプの定格回転数は3次危険速度（不安定な振動を起こしやすい）を上回ることになり，最初の躓きの原因になったのです．

エンジン推力は，先立つLE-5エンジンが100 kNであったところから，当初500 kN程度は手が届くと想定していました．しかし，ロケット全体の設計が進むにつれて，700 kNが必要と見直され，さらにその後1,200 kNと要求が高騰し，一時，開発担当者は青くなったのですが，担当各企業にも折り合っていただき，ようやく計画が固まりました．

開発体制には，LE-5エンジン開発実績を踏襲したほか，水素脆性，溶接など，新規技術課題に応じて，国内専門家が結集しました．それでも開発は難航を極め，予測できなかった技術課題に足をとられた結果，開発計画を二度見直すことになりました．結局，試験ロケットの打上げは，計画より2年遅れた1994年となり，3割に及ぶコストオーバーラン（過剰経費）を発生しましたが，無事に成功し，運用を開始することができました．図5.8には，LE-7エンジンの実機およびモックアップ模型を示します．

振り返って，LE-5，LE-7エンジンの開発では，国内関係者や機関が総力を挙げて取り組み，ようやく目標達成できました．将来の研究を意図した成果が，そのまま現場のトラブルの解決策となり，製品開発に反映されるという濃縮された時代でした．相応に技術的成熟を果たし，また海外では民営化も進みつつある現在，国内技術層の維持や充実は急務であり，現行運用機材の改良や洗練化に留まらず，将来概念に向かう技術開発の2本立てを両立すべき時期に至っているように思えます．プロジェクトの立ち上げから製品化まで一貫して経験した技術陣が健在のうちに，この両輪をどのように関連付け，サイクルを回していくか，今後の議論に期待したいところです．

(a) LE-7エンジン

(b) 模型

図 5.8　LE-7 エンジンとその模型 ©JAXA

第6章 どんなトラブルが待っていたか？ —予想したトラブルは起こらない—

ロケット開発の歴史は，トラブルと事故の歴史でもあります．なかでも，その初期には，打上げに失敗し，地上の人命を損なう事故さえ起こりました．打上げ本番でなくとも，開発の終盤にかかるほど実験規模は拡大し，それにつれてトラブル時の被害が急膨張・深刻化するに留まらず，原因究明や対策も難しくなります．初期設計に周到な配慮が必要なことはもちろんですが，想定できたトラブルには当然手を打っているため，むしろ発生しないものです．想定しきれないトラブルや不調を，できるだけ開発初期に洗い出し，後工程にもち込まないことが，開発を成功に導く鍵となります．選りすぐりの特別あつらえエンジンで，緩い実験を繰り返して安堵してみても，役には立ちません．許容する範囲でもっとも出来の悪いエンジンを用いて，実際に遭遇するかもしれないもっとも厳しい条件で実験実証することが必要となります．

6.1 故障・トラブルにどう取り組むか？ —必ず原因がある—

ロケットエンジンの実験は，安全確保上，現場を隔離し，遠隔操作で行うことが基本です．数百点の圧力や温度などの計測データを実時間で監視し，また，さまざまな方向からTVカメラを向けて異常の有無に目を光らせます．可燃ガス漏洩検知器や酸欠検知器も欠かせません．異常判定には，あらかじめ限界値を決めておき，踏み越えたところで自動的に運転を中断（緊急停止）するよう設定します．もっとも，画像監視は機械任せというわけにもいかず，発煙や火炎発生時には，人間が判断して緊急停止ボタン（多くは赤いボタンです）を押下操作します．実際，この判断で数千万円もかけて準備した実験を中断させることになるので，この赤いボタンを押すにはかなりの勇気を要します．推進薬の供給を遮断してエンジンの動作を止めると同時に，要すれば，スプリンクラーや化学消火器などを使って遠隔消火にかかります．また，近傍の可燃物や危険物を冷却せねばなりません．まずは安全回復優先ですが，同時に事故原因を究明するため，現場保存にも配慮せねばなりません．

計測データのみで原因を判定できることはむしろ稀で，現場を検証し，損傷部品や破片を拾い集めたうえ，さらに残骸を分解点検して故障解析を行うことになります．原因は単一とは限りません．見落として潜在させることが，その後の禍根に繋がります．FMEA（failure mode and effect analysis：故障モード影響解析），FTA（fault tree analysis：故障の木解析）などの方法で，丹念に無実の部品を消去していきます．「疑わしきはすべて罰する」ことが基本姿勢です．

酸素が介在した事故などでは，試験設備まで延焼し，原因の痕跡が残らない事例もあります．そうなると，原因究明はまさに考古学的世界に踏み込み，起点となった原因に遡りようのないこともあり得ます．とはいえ，「迷宮入り」には断じてできません．アメリカの初期開発では，意図して同じ事故を起こしてみる再現実験なども繰り返し行われました．昨今では，再現実験は安全上（時間的，経費的にも）許容されない場合も多いのですが，かといって開発全体を停滞・破綻させるわけにはいきません．故障の芽を摘み取り，かつ開発を中断させないためには，できるだけ原因を絞り込んだうえ，可能性の残るすべての要因について対策をすることになります．「網を被せる」と称し，余計な対策まで打つことも厭いません．技術を確立するために，起点まで遡り原因を究明すべきことは論を待ちませんが，実は，時間的・経費的になかなかできていないのも実情です．

設計を見直したうえ，対策検証実験を終えれば，再発防止は一段落ですが，まだ対策完了ではありません．故障発生個所の手当てだけでなく，エンジン全体に類似故障の潜在はないか，「水平展開」を行います．あるいは，過去に設計した別エンジンに水平展開が及ぶ場合もあります．

6.2 二重三重の安全対策 ―実験設備の屋根は吹き飛ぶようにつくる―

ここで，ロケットエンジン実験設備について触れておきます．わが国の初期開発では，まず酸素・水素用実験設備の開発から始めねばなりませんでした．そもそも潜在するトラブルを蒸し出すことが目的ですから，むしろ「設計不備発見装置」と言い換えることもできそうです．限界的な厳しい条件で運転でき，かつ厳重や確実に監視や制御（とくに安全停止）ができなければなりません．トラブル発生をある程度覚悟したうえ，被害や損傷を最小限に抑え込む算段も必要です．トラブル発生時には，前述のとおり，まずは緊急停止の手順を発動するのですが，損傷の範囲によっては，正常にエンジン入口で推進薬の供給を遮断できるとは限りません．エンジンの制御機能を喪失している非常事態もあり得ます．そのような場合に備えて，実験設備側大元で遮断を図るなど，二重三重に安全措置が講じられています．また，実験区画は，周囲を囲み防御しますが，爆発などの不慮の圧力上昇に対しては，上方に圧力が抜けるよう屋根が吹き飛ぶ設計を採用しています．スレート破片があたり一帯に飛び散る惨状となるのですが，むしろ意図するところです．

もちろん最優先すべきは人的安全であり，また，周囲近隣に対する社会的安全です．そのためには，まず実験設備の立地に配慮せねばなりません．実験設備内に格納・貯蔵した全量推進薬が一気に混合爆発したとして，その爆風圧力や飛散物が被害を及ぼさない安全距離を保安距離と定義し，その範囲内に第三者が存在しないことを基本条件に実験設備をつくります．これらを考慮し，わが国のロケットエンジン実験設備は，種子島宇宙センターや宮城県角田宇宙センターなどに配置されました．以下，LE-5エンジン用高空燃焼試験設備（HATS）（図6.1），LE-7水素ターボポンプ試験設備（図6.2），LE-7酸素ターボポンプ試験設備（図6.3）（以上，在：角田宇宙センター），およびLE-7エンジン燃焼試験設備（図6.4）（在：種子島宇宙センター）を示します．

高空燃焼試験設備（HATS）では，高高度におけるエンジンの噴射性能を検証するために，直径3.8 mの巨大真空槽の中にエンジンを据え付けて燃焼実験を行います．開発の初期には，爆発物にも近い未成熟エンジンを密閉容器の中に閉じ込めて火をつけることは，それなりに危ういと思われました（10万馬力の鉄腕アトム4人がお釜の中で暴れているようなものです）．そのため，図6.1(a)のとおり，試験棟周辺2方向は切り崩した山の法面，残る2方向は人工の障壁で取り囲み，不慮の事故に備えたのですが，これまで30年以上，500回に近い燃焼実験のなかで，事故らしい事故は起こしていません．水素が漏洩し，一時的に火炎を見ることはあっても，真空中であるため，延焼や拡大した例はないのです．意外に安全な実験方法と再評価されています．

LE-7エンジン開発の当初，ターボポンプ単独実験の要否について議論がありました．先行するアメリカのスペースシャトル主エンジン（SSME）の開発では，設備規模が大きすぎるため，単独実験をスキップし，いきなりエンジンに組み上げて，ぶっつけ本番で燃焼実験を計画しました．わが国も，同様に経費を節約しようという意見は強かったのです．ところが，高圧ターボポンプの技術難度は高く，エンジントラブルをいっそう増幅させる危惧があったため，短い実験時間ながら，単独実験を前もって行う方針としました．その結果，水素ターボポンプ単独実験で屋根を4回飛ばすこ

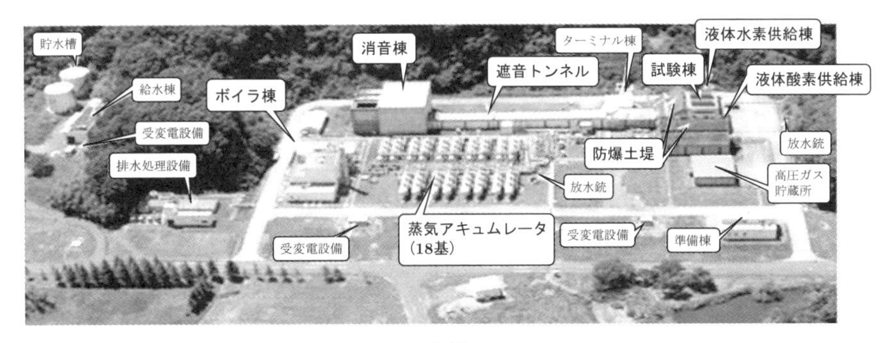

(a) 全景

(b) セットアップ状況

図 6.1 LE-5 エンジン用高空燃焼試験設備 ©JAXA

とになりましたが，その分，エンジン全体燃焼実験にトラブルをもち込むことを回避できました．アメリカでも，その後単独実験に立ち戻ったという情報もあり，「拙速を避けて手戻りなしにすんだ」と振り返っています．もっとも，単独とはいいながら，水素ターボポンプの事故による損害は想定外に大きく，その後の実験再開のためには，さまざまな手を打たねばなりませんでした．水素ガス漏洩検知センサーや化学消火装置を多層・多重に増設することはもちろん，ターボポンプ損傷時にも周辺に可燃酸水素混合気を生成させぬよう，実験室内を不活性な窒素ガスに置換して実験を行っています．

ちなみに，できたてのターボポンプの単独試運転をグリーンラン（green run）とよびます．グリーンランとは，「じゃじゃ馬馴らし」のことですが，振り返っても，たいした「暴れ馬」でした．

さらに，ターボポンプ単独実験設備では，タービンを駆動するために，大量の高圧

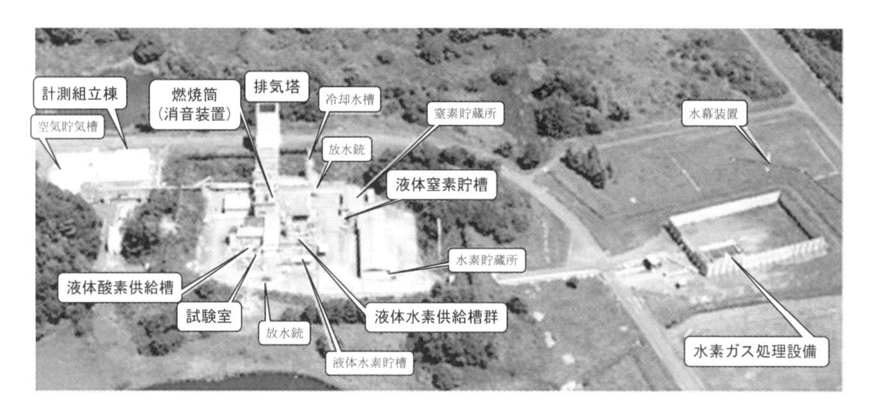

(a) 全景

(b) 試験準備状況[18)]

図 6.2　LE-7 水素ターボポンプ試験設備 ©JAXA

(a) 全景

(b) セットアップ状況

図 6.3　LE-7 酸素ターボポンプ試験設備 ©JAXA

(a) 全景

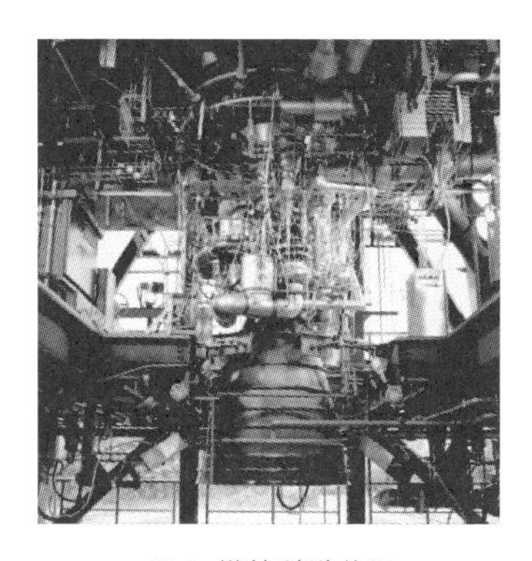

(b) 燃焼試験状況

図 6.4　LE-7 エンジン燃焼試験設備 ©JAXA

水素ガスを貯蔵する必要があるのですが，去る 2011 年 3 月の東北地方太平洋沖地震においても，その漏洩は認められませんでした．安堵しつつ，設備設計の堅牢さに自信を深めたものです．

一方，酸素が介在する事故は，金属材料を含め周辺すべてに延焼しうるため，壊滅的で，形も残らない事態に陥ります．世界の例を見ても，一度や二度の事故はあり得るものと内心覚悟していましたが，わが国では，酸素系回転機械のエキスパート研究チームが直接に関連業務を担当した結果，酸素/水素エンジン創始の時代から今日に至るおよそ 40 年の間，一度も酸素系起因となる事故を経験せずにすみました．稀な例であることを特記しておきます．

6.3　故障・事故事例 ―液体水素温度では，酸素も窒素も凍りつく―

経験・遭遇した事故や不調（「不具合」「外燃」などの業界用語もあります）を書き尽くすことは不可能ですが，今後もおそらく遭遇しうる代表的な事例を挙げてみます．H-Ⅱロケット 8 号機の打上げ失敗を除き，詳細が公開される事例は稀なのですが，一方，アメリカでは，7.2 節で触れるとおり，「スペースシャトル主エンジン（SSME）不具合の特徴」（AIAA-87-1939）などが技術論文として公開されており，LE-7 エンジン開発計画検討上有用な参考書となりました．わが国では，故 都木恭一郎 宇宙科学研究所教授（当時 NAL 研究員）が，「高圧液体酸素・液体水素ロケットエンジン開発上の技術的問題について（SSME の不具合事例より検討）」（NAL TM-523）としてまとめています．

さて，LE-5エンジンの開発では，「水・漏れ・シーケンス」が開発チームの合言葉となりました．古屋の雨漏りのことではなく，最新鋭エンジンの開発で痛い目にあったトラブルの主因です．

まず「水」とは，大気中の水分ばかりでなく，酸素・水素燃焼ガス，つまり水蒸気をも含みます．高温燃焼中は当然気体ですが，燃焼停止直後には液化し，さらに極低温推進薬の近傍では固化，つまり，凍ります．水素ターボポンプ開発の初期に経験したつぎの典型的トラブルが頭を離れません．タービンはガスジェネレータで発生する燃焼ガスで駆動しますが，初回運転はうまくいきます．ところが，いったん停止して2回目を試みると，回転軸がガタガタと振動して，どうしても回転速度を上昇できません．あきらめて数日後再実験すると，初回は文句なしに回るものの，つぎはやはり絶不調と同じことを繰り返します．悩みあぐんだ挙句，原因は横置き回転軸空洞部に入り込んで凍結した水分と判明しました．氷が高速回転体の質量バランスを狂わせていたのです．それでも数日置くと蒸発し，質量バランスが回復していたわけです．LE-5エンジンは，宇宙空間で繰り返し起動停止できる再着火可能エンジンです．燃焼器（＝水発生器）の中に水分が残留すると，停止直後には凍結し，次回に推進薬の流れを阻害するにとどまらず，点火放電電流さえ迷走させ，着火不能となりました．凍りつく前にどう水分を追い出すか，この手順の確立はなかなか容易ではなく，いまだに酸素/水素再着火エンジンの実用例は，日本とアメリカに留まっています．ちなみに，液体水素温度（20 K）で気体状態を保つ物質はヘリウム（He）以外ありません．水分掃気のためにヘリウムガスは欠かせないのが実情ですが，最近の価格高騰には悩まされます．

同じ理由で，推進薬弁の開閉にはヘリウムガス圧で往復動作するピストンを駆動源として用いますが，このヘリウムガスに，水分ならぬ周辺空気が紛れ込んだことがあります．液体水素温度（20 K）では，酸素（O_2：凝固点～54 K）・窒素（N_2：凝固点～63 K）とも凍結し，ヘリウムガス通路を閉塞した結果，弁の開閉ができなくなりました．直前点検における動作は正常で，露点計測で水分が検出されないにもかかわらず，いざ冷やすと再発するため，訳がわからないまま原因特定までかなり手間取りました．なお，海外の高圧エンジンでは，高い応答を期待して制御弁駆動に非圧縮性のオイルを用いる例も見られますが，液体水素温度では当然凍結するため，ヒータで加温しています．

つぎに，「漏れ」とは，分子サイズが小さいうえに，着火しやすく，かつ空気との可燃限界も広い水素の漏洩を指します．実験前には，常温から液体水素温度まで，流路全体を冷やし込むことが必要です．予冷なしにいきなり極低温流体を流し込むと，自動車などのベイパーロック（vapor lock）さながら，一気に気化・膨張し，流れをブロックすることになります．一方，それを防ぐために予冷すれば200°C以上も温度降下するわけですから，どんな材料も当然に熱収縮（縮み上がる）を起こします．配管継ぎ手やシール部などの結合部では，偏った温度分布があると容易に隙間ができ，漏洩の原因となります．均一な冷やし方や時間のかけ方，漏洩検出方法まで含め，ノウハウの蓄積が必要でした．ちなみに，漏洩による水素火炎はむやみに消さないことが原則です．外気との接触面で，拡散火炎として安定燃焼しているうちはむしろ安全で，下手に消火して，未燃水素成分が滞留，周辺大気と予混合して爆発限界に至ると，被害はそれこそ甚大です．また，水で消火することは好ましくないとされています．「温かい」水は熱源となり，水素の気化や混合を促進するからです．

最後に「シーケンス」とは，制御弁開閉によるエンジンの起動・停止の手順を指します．通常，エンジンの起動は，固体火薬カートリッジなどでターボポンプを起動し，推進薬圧力が十分上昇したところで，制御弁を開き，燃焼器に点火します．LE-5エンジンでは，この強制的起動方法を避け，「タンクヘッド起動方式」を採用しました．わずか0.2〜0.3 MPaながらタンク圧力によって推進薬を圧送し，まず燃焼器に点火，その発生熱量で温まった水素ガスをタービンに供給して回転起動させます．その結果として，ポンプ吐出し圧力が上昇すると，燃焼圧力も連動し，さらに発生熱量も増大する増幅的循環となります．ポンプ吐出し圧力が十分上昇したところで，ガスジェネレータ（GG）に点火し，本格的なGGサイクルに移行するいわば自律的な起動方法です（GGサイクルについては第8章で説明します）．タービンスピナ（起動用火工品）などの起動専用装置を省略でき，システムの簡素化を図ることができますが，起動手順（シーケンス）を確立するには，試行錯誤を繰り返しました．

なかでも，ガスジェネレータ点火のタイミングは難しく，点火可能な酸素・水素混合比の条件を見出すまでに，点火ミスを連発しました．点火できずに止まるだけなら問題はないのですが，未点火の酸素と水素が混合・滞留すると，不時着火，早い話が爆発し，設備まで被害が及ぶ事故も起こしています．起動過渡シミュレーションと実験結果を突き合わせつつ，最適シーケンスを追い込んでいき，当初ギクシャクと吹き消え寸前状態で10秒以上もかかって起動していたところを，最終的には5秒近くまで短縮・安定化することができました．図6.5には，エンジン起動過渡燃焼試験のセットアップ状況を示します．

LE-7エンジンの開発では，酸素や水素の基本的な扱いについては十分習熟できて

図 6.5　エンジン起動過渡燃焼試験のセットアップ状況 ©JAXA

いたのですが，その大推力ゆえ，また高圧力ゆえに，新たな問題が多発しました．結果的に，開発遅延・目標切下げの主因となった故障事例を挙げておきます．

(1) タービン翼熱クラック → 翼欠損

タービンは，24.5 MPa の酸素/水素燃焼ガスで駆動されますが，高熱伝達率などを考慮し，ガス温度は 1,000 K（730°C）以下に設定しました．当初は Co 含有合金で水素ポンプ駆動タービンを試作したのですが，初期試験中に遠心力を受ける主要構造であるディスクの破壊が発生し，急遽，ディスク/タービン翼を組み立てる構造に変更し，材料を Ni 基合金（INCO718）に見直すこととなりました．耐熱性の高い材料を採用したにもかかわらず，停止時の急冷などによる熱衝撃は予想を上回り，その後にもクラック（ひび割れ）が多発しました．最終的には翼形状の最適化，また回転数や燃焼ガス温度の低減によって対策できました．動作環境，温度や流速の分布，時間変化に対する理解不足が原因でした．

(2) 主噴射器マニホルド溶接部熱クラック → 構造破壊

2 段燃焼サイクルエンジンの場合，主噴射器に供給される燃料は，タービン駆動後の水素過多燃焼ガスであり，初期設計値はおよそ 17 MPa，900 K でした．タービン翼同様，熱衝撃は予想を凌駕し，INCO718 溶接盛り上がり端部を起点にクラックが多発しました．内面クラックを検出できず，構造破断に至り，数度にわたりエンジン全損も経験しました．また，工場内検査時にエンジンが破裂し，人命が失われる原因にもなりました．試験設備にも少なからぬ被害が及んでいます．根本原因は，以下のように分析されています．

1）析出硬化材料の溶接強度に対する知見不足
2）厚肉 INCO718 材溶接工程の不完全
3）タービン後流の予想外熱衝撃

溶接盛り上がり部を磨いて応力集中を緩和し，また溶接後熱処理の改善を図ったほか，最終的に目標性能を切り下げて対策しました．とくに，INCO718 の溶接強度を見極め，高温溶体化処理などの強化対策をとることは，この開発を進めるうえでまさに峠となりました†．

以上では開発初期の典型的技術課題を示しましたが，終盤に発生する故障モードは変わってきます．「錆びたり，漏れたり，緩んだり」と，およそ原始的ともいえる問題も多発しますが，これらも打上げ失敗にもつながり，おろそかにはできません．丁寧に扱い，条件を整え，点検を重ねる必要があります．

こうして 10〜15 基の試作エンジンを用い，限界性試験 → 設計改良を繰り返して潜在故障の蒸し出しを行いますが，一定規模・回数の地上燃焼実験で，実飛行時に遭遇

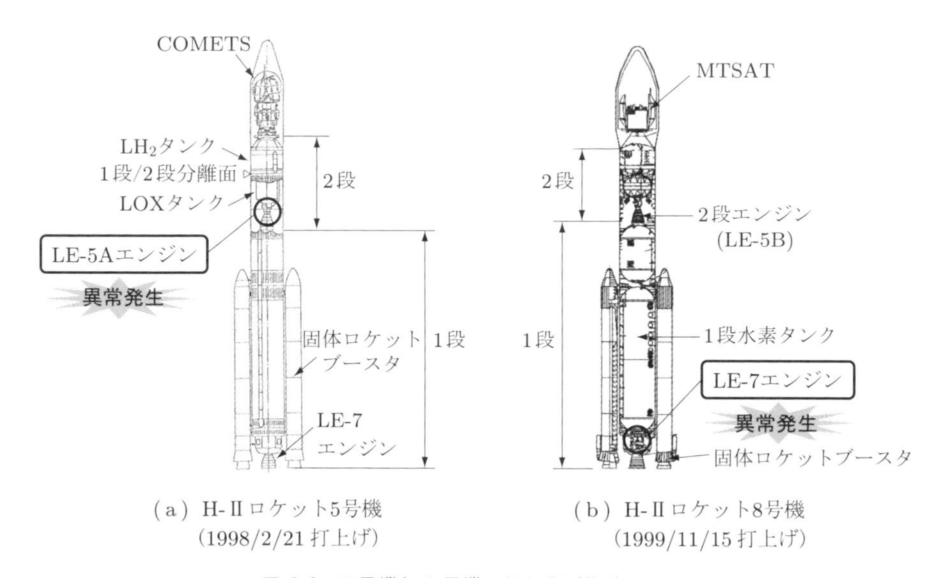

（a）H-Ⅱロケット5号機
(1998/2/21 打上げ)

（b）H-Ⅱロケット8号機
(1999/11/15 打上げ)

図 6.6 5 号機と 8 号機の打ち上げ失敗 ©JAXA

† その成果は，故 長谷川恵一 博士（三菱重工業 → JAXA）の学位論文となっています（文献 14)）．

するすべての作動環境を実証することは至難の業であり，また，エンジン個別の想定外のばらつきなどによって，一般的には実飛行における失敗が3～5%程度の確率で発生するのが現状です．図6.6には，H-Ⅱロケット5号機および8号機の打上げ失敗の原因個所を示します．

6.4　H-Ⅱ 5号機打上げ失敗　―燃焼ガスが壁隙間を貫通―

1998年のH-Ⅱロケット5号機では，2段エンジンLE-5Aの作動中に燃焼室壁から燃焼ガスが漏洩し，エンジン制御用のワイヤハーネスを焼き切って，エンジン不時停止に至りました．

初回300秒の動作は正常で，再着火燃焼中の故障でしたが，結果的に通信放送実験衛星COMETSは計画軌道に到達できませんでした．原因は，燃焼室を形成する再生冷却チューブのロウ接不全，あるいは地上試験中の過熱劣化と判定されました．対策としては，燃焼室のチューブロウ接工程を廃し，LE-7エンジン同様，銅製溝構造燃焼室を用いた新設計のLE-5Bエンジンを，次号機以降に搭載しています．

6.5　H-Ⅱ 8号機打上げ失敗　―LE-7の心不全が原因―

翌年の次号機打上げは，7号機を後送り，H-Ⅱ 8号機が先行しました．その8号機は，固体ロケットを分離した後，1段エンジン作動中の239秒に突然，燃焼停止しま

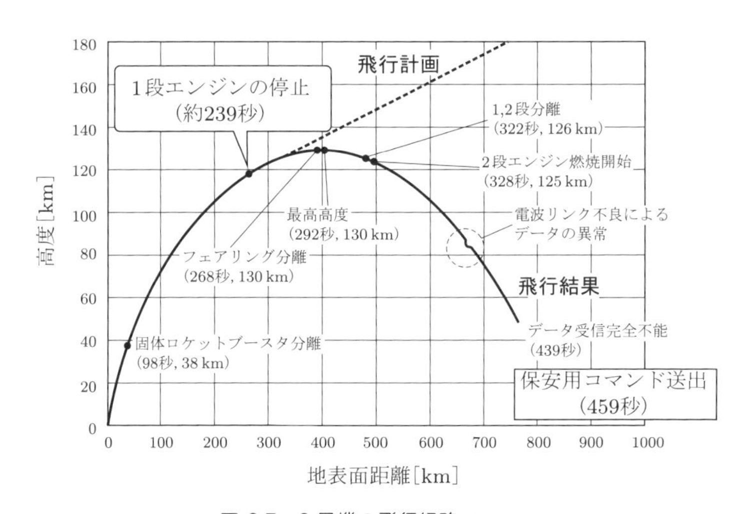

図6.7　8号機の飛行経路 ©JAXA

した．運輸多目的衛星を搭載した 2 段機体は，その後自動タイマーで分離，縦回転が止まらないまま奇跡的に着火に成功しましたが，軌道を回復できるはずもなく，レーダ可視範囲から外れる見込みとなったため，地上から指令送信して爆破しました．図 6.7 にその飛行経路を示します．

故障現象は唐突で，テレメータによる間引きデータでは原因解明はおぼつかなかったのですが，その後，海洋科学技術センター（当時）の支援により，深海からエンジン実物を回収することができました（図 6.8 参照）．

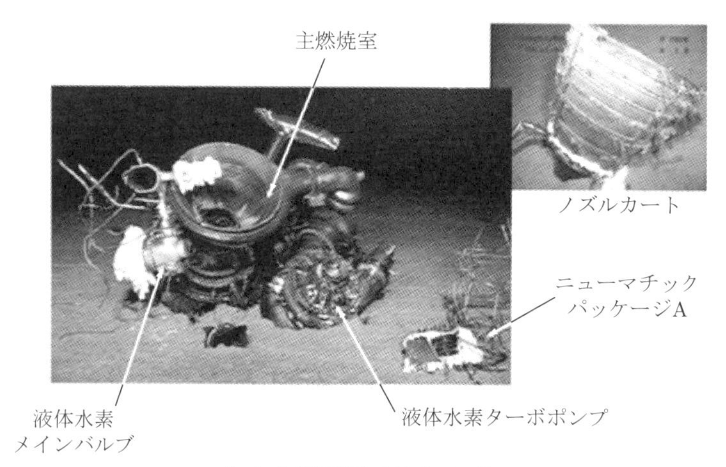

（a）海底に沈むLE-7エンジン

（b）海底2,915 mから引き上げられたLE-7エンジン

図 6.8　海底からのエンジンの回収（海洋科学技術センターの協力）©JAXA

奇跡的に一次破面が温存されており，何人も予測できなかった原因は，水素インデューサの疲労破壊と特定されました．水素ターボポンプの位置関係を図6.9に，水素インデューサ損傷の状況を図6.10に示します．多方向から故障再現のシミュレーションがなされましたが，そもそも低密度の液体水素の流体力は僅少で，結局，以下を複合して原因と解釈しました．

1）疲労クラック起点の加工痕
2）旋回キャビテーションによるインデューサ翼加振
3）インデューサ上流の整流ベーンとの流体的共振

つまり，不安定な流れのために，水素ターボポンプが心不全を起こし，燃料であり冷却剤でもある液体水素の流れが止まったわけです．冷却の止まったロケットエンジンとはさながら溶鉱炉で，燃焼室や噴射器は焼けただれ，大穴が開いていました．深海から引き揚げたエンジンを目のあたりにし，サルベージ船上で息をのんだものです．

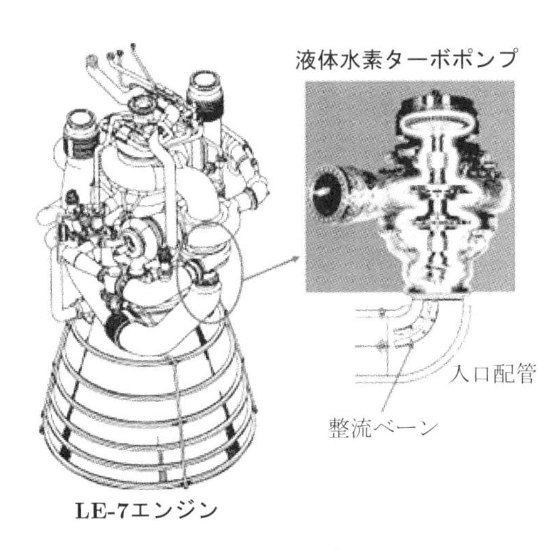

図6.9　水素ターボポンプの配置 ©JAXA

対策として，まず開発中であった改良型H-IIAロケットへの移行を前倒しました．しかし，LE-7A水素インデューサにも類似の問題があることがわかり，1号を機暫定的に打ち上げた後，同様に流量係数を適正化（> 0.07）する抜本的改良を行いました．

数種類のインデューサを試作したうえ，吸込み性能試験によって，迎え角を低く抑えた負荷低減インデューサを選定し，一方，必要揚程を満たすため斜流化（後流径拡大）を図っています．その後，酸素インデューサに対しても旋回キャビテーション対策を完了し，以来現在に至るまで類似の故障は再発していません．

その間，2011 年には，アメリカスペースシャトルが退役しています．その結果，わが国の LE-7A エンジンは，世界最高性能（燃費）の現用ブースタエンジンとなったことも特記しておきます．

図 6.10　水素インデューサの損傷状況 ©JAXA

第2部

新しいロケットエンジンを設計する
―ロケットエンジン設計入門―

第７章　ロケットのどこが壊れるのか？

第８章　液体ロケットエンジンのシステムを組み上げる

第９章　燃焼器を設計する

第10章　ターボポンプを設計する

終の章　宇宙輸送の将来

ここまで，ロケットに向かう宇宙空間，またロケットにできること・できないこと，その使い方などについて見わたしてきました．ここから先は，どうしたら目的にかなうロケットを設計し，つくり上げることができるのか，実現に至る算段や手順について話を進めます．知力・能力・経験を結集するのは大前提ですが，それぞれの専門家が腕によりをかけてつくり上げた機器や部品を集結したとて，理にかなった全体システムが完成するとは限りません．おそらく，まず合計質量がおそろしく超過し，仮に動いたとしても，こんな使い方をされるとは想像もしていなかった，などのクレームが多発することは請け合いです．笑い話ではなく，実際によくある話なのです．実際に動作させて初めてわかる極限環境も少なからずあり，これらの不確定な条件にも対応できるよう全体システムの構成を考え，意識的に設計余裕やリスクを配分しておく必要があります．

かかる設計配慮は，もちろんロケット全機，それだけでなく射場や追跡管制を含む関連全システムに行き届かなくてはなりませんが，それでは説明上，雲をつかむ話にもなりかねません．ここでは，ロケットのパワーの源泉であり，ゆえに大半の故障原因ともなる推進系，とくにロケットエンジンに焦点を当て，設計の実態や実績の反芻を試みます．

第7章 ロケットのどこが壊れるのか？

いまでは，わが国の主力ロケットの性能も安定し，成功を重ねています（少なくとも，2017年1月現在）．しかし，世界的にはいまだ平均的に20機に1機が打上げに失敗し，手痛い損害を出しているのが現状です．わが国も，開発初期には3回の打上げ失敗を経験しました．最初はロケットエンジンが原因でした．すると，つぎに失敗するのは電気系（搭載電子機器など）か，射場側ではないか，などと総点検することになるのですが，これらに起因する致命的失敗はいまだ経験していません．ロケットエンジンの場合，地上装置と違って徹底的な軽量化を図るにとどまらず，宇宙で遭遇する実環境で事前検証をしにくいことが難しさの原因といえます（たとえば，加速度環境下でエンジンの燃焼実験を行うことは実質不可能です）．そもそも開発段階で難産を経験することも多く，その実情を以下に反芻します．

7.1 事故の洗礼 ―新入職員の驚愕―

振り返って，1980年代後半に始まった高圧水素エンジン（LE-7）開発の修羅場，当時の新入職員の手記を転載します．ターボポンプとは，エンジンに推進薬を送り込む高回転高圧ポンプを指しており，「ロケットエンジンの心臓」ともいわれる構成部品です．

> 水素ターボポンプを駆動する小型高圧燃焼器の試験だった．計測制御室でモニター画面を見ていた．燃焼試験が始まり，しばらくすると燃焼器の上部を映している画面で何か上方に上がって消えていくものがある．
> 「おやー，なんか出たなー．うん？ あれ，火の玉だ．どんどん大きくなるなあ．カメラまできたぞ．おー，飲み込まれた．あー．でも，音がしないなあ．気のせいかな．火なんか出ないよねえ．」と思った瞬間．どん！ とすごい衝撃とともに計測室の壁が動き，あわや制御盤が倒れ，上においてあるモニターTVが落ちるのではないかと思われた．いったい何が．気がつくとモニター画像はほとんど真っ暗になっていた．

しばらくして，現場に出てみると，試験室のスレート屋根が飛び，ドアが吹き飛び，その辺じゅう破片だらけだった．（1987年入社，香河英史@ 20周年記念誌）

この事故（図7.1）は，高圧燃焼器周辺の配管の継ぎ手が破壊し，漏れ出た水素ガスに着火したことが原因でした．もちろん遠隔制御で，人身に被害なかったのは幸いでしたが，回復には長期間を要しました．

図7.1　ターボポンプ試験設備事故の惨状[18)] ©JAXA

7.2　エンジン全損に至る —日米，同じ苦難をたどる—

さて，試験設備のトラブルをなんとか対策して抑え込み，エンジン本体の燃焼試験に本格着手すると，事故の被害は輪をかけて拡大しました（図7.2）．金属材料の熱亀裂を検出できずに拡大・伸展を許した結果，エンジン全損どころか，試験設備にまで被害の及ぶ事故が複数回起こっています．被害復旧に必要な費用，スケジュールの遅れは甚大で，設計・試験関係者は，謝罪や原因究明，対策，復旧に奔走しました．

当時，アメリカのスペースシャトルの打上げ運用が始まっており，その主エンジン（SSME）の開発記録が公表されていました．その顛末を，発表された論文や記事から要約します．

SSME開発中の9年間に，27回の重大事故が発生した（図7.3）．開発は2，3年遅れ，開発費用はドルベースでおよそ3倍（5億8千万ドル@1971 → 14億300万ドル@1982）に高騰した．

図 7.2 開発初期 LE-7 の事故 ©JAXA
過大な熱衝撃によって燃焼室溶接部が破壊

図 7.3 SSME の事故[19] ©NASA

スペースシャトルが実飛行した 30 年間に，SSME が原因となった失敗や損害はなかったのですが，固体補助ロケット（SRM）が爆発の原因となった 1986 年のチャレンジャー事故の後には，故障リスクを低減させるために，その後さらに 10 億ドル（当時，約 1,600 億円）の費用と，およそ 15 年の歳月をかけて SSME の大改修が行われています．

それと比べれば，わが国は開発中にまだそこまで事故を多発していませんが，それにしても，自動車のエンジンが突然爆発して，ガレージを全壊したなど聞いたこともありません．

- 飛行機のエンジンも，格納庫の屋根を吹き飛ばすことがあるだろうか？
- どうしてロケットエンジンばかりが，かくも甚大な事故を発生させるのか？
- 根本的に設計思想に誤りがあるのではないか？

そんな疑念が頭を駆け巡ります．事故を再発させないためにも，一般的なエンジンとの違いをもう一度認識し直す必要があります．そこで，1枚グラフを仕立てました．それを次節に示します．頭ではわかっていたつもりでも，数値で示すと改めて唖然とする結果が見てとれます．

7.3 エンジンの技術相場 ―エンジン質量と発生馬力の関係―

図7.4は，さまざまなエンジンの発生馬力とその質量を，対数目盛でプロットしたものです．一般的な自動車エンジンでは，発生馬力（HP）とその質量（kg）はおおよそ比例関係にあり，ほぼ両者の数値は一致します．たとえば，質量50 kgの一般車エン

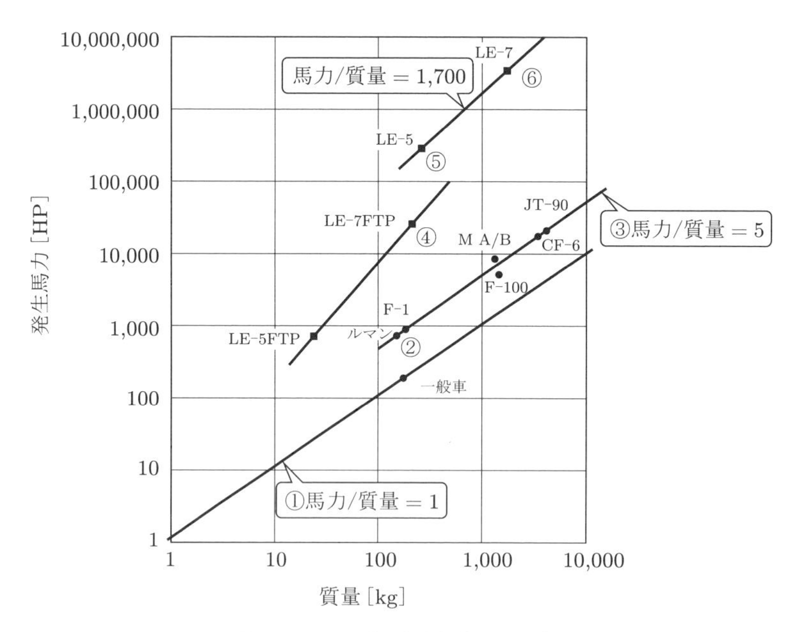

図7.4　エンジン出力と質量の関係

ジンならば出力60馬力，160 kgで150～200馬力程度で，おおよそ「馬力/質量 = 1」の線①の上に乗ります．この160 kgのエンジンをいざレース用にフルチューンすると，800馬力近くまで，4～5倍もパワーアップします②．すると，航空用ジェットエンジンの系列③と同じ線上に並び，この比較に関する限り，同等の技術水準といえそうです．それに対して，ロケット用ターボポンプは質量200 kgで，扱うパワーは2万馬力以上④と1桁以上増大します．さらに，ロケットエンジンそのものでは，質量255 kgのLE-5エンジンの真空中排気ガスの速度エネルギーは，40万馬力⑤とさらに1桁以上増大します．質量は，重量級の力士一人とほぼ同等で，そのパワーは鉄腕アトム4人分などと古い説明をすることになります．大型LE-7エンジンの場合，質量およそ1,800 kg，320万馬力のパワー⑥はほかに比べるものがなく，大型発電所（100万 kW = 130万馬力）数基分を引き合いに出さねばなりません．

結局，ロケットエンジンでは，市販車に比べて，単位質量あたり3桁も大きなパワーを扱う，あるいは同じパワーを扱うのに3桁も小さい質量に抑え込むことが宿命となり，開発の初期に，予想できなかった立ち上がり途中の異常現象や振動などが発生すると，あまりにも軽く脆弱な構造は，紙が裂けるがごとく破壊し，火を噴き出すしかないのです．

痛い目にあってようやく，起こりうる最悪環境の体系的理解に至り，踏み込まぬために必要最小限の補強を追加したうえ，検証を重ねる試行錯誤を繰り返しました．

第1部ではこんな馬鹿馬鹿しいほどの馬力，あるいはギリギリの軽量化がなぜ必要なのかをこれまで振り返ってきましたが，次章からは，どうすればかかる過酷な要求に見合う設計を実現できるのか，踏み込んでいきます．

コラム3 ロケットエンジンのパワーの換算方法

ここで，ロケットエンジンの出力を馬力換算する方法について紹介しておきます．回転機械では直接にトルクや回転数を計測し，出力を算出できますが，ロケットエンジンのエネルギー源は噴出する燃焼ガスで，その出力を直接定量化できません．そこで，単位時間噴射ガス流量 m [kg/s]と，噴射速度 c [m/s]を用いて，真空中排気ガスの速度エネルギーを算出することにします．

ロケットエンジンの真空中排気ガスの速度エネルギー

$$W = m \times \frac{c^2}{2}$$

単位：$\mathrm{W = J/s = N \cdot m/s = (kg/s) \times (m/s) \times (m/s)}$

噴射ガス流量は結局は推進薬流量に等価ですから，上流の流量計で実測できます．

さて，噴射速度は簡単に測れません．が，ここで思い出してください．比推力 I_{sp} [s] は噴射速度 c そのもので，推進力 F [N]と推進薬流量 m [kg/s]から算出可能です．また，推進力 F も実測できます．

$$\text{比推力 } I_{sp}\ [\mathrm{s}] = \frac{c}{g} = \frac{F}{mg}$$

$$\text{単位 } \mathrm{s} = (\mathrm{m/s})/(\mathrm{m/s^2}) = \mathrm{N}/(\mathrm{kg/s}\cdot\mathrm{m/s^2})$$

$$g\text{：重力加速度（}= 9.807\ \mathrm{m/s^2}\text{）}$$

これらを代入すると，以下のように記述できました．

ロケットエンジンの真空中排気エネルギー

$$W = F \times I_{sp} \times \frac{g}{2}$$

$$\text{単位：}\ \mathrm{W} = \mathrm{J/s} = \mathrm{N}\cdot\mathrm{m/s} = \mathrm{N}\cdot\mathrm{s}\cdot\mathrm{m/s^2}$$

ここに，LE-7 エンジンの諸元を代入すると，

$$W\ [\mathrm{W}] = 1{,}100 \times 10^3\ [\mathrm{N}] \times 442\ [\mathrm{s}] \times \frac{9.807\ [\mathrm{m/s^2}]}{2}$$

$$= 2.38 \times 10^9 = 2.38\ [\mathrm{GW}]$$

$$= 323\text{万 PS（仏馬力）} = 319\text{万 HP（英馬力）}$$

およそ，320 万馬力となるわけです．

第8章 液体ロケットエンジンのシステムを組み上げる ―目標は10年先の新製品―

航空機の新規開発ならば，搭載エンジンは，エンジン専門各社のラインアップカタログから条件に合わせて出来合いを選ぶことが多いようです．いわば，ready-madeというわけです．汎用性，互換性が図られていることのほか，一般に機体5年，エンジン10年の開発期間が必要といわれるように，同時スタートでは，エンジン開発はとても間に合いません．この点はロケットやエンジンも同様（それ以上）なのですが，いかんせん汎用性や互換性，また市場性にも乏しいところから，ロケットからの性能要求が定まってようやくエンジン設計開発に取り掛かる（order-made）しかないのが実情です．もちろんそれではとても間に合わないので，世界の動向を探り，いずれ降ってくる要求を予測して，空振りも覚悟のうえ，いかに先行（または潜行）して日頃から技術課題をつぶしておくかがエンジン開発の勝負の分かれ目ということになります．したがって，エンジン技術だけ知っていればよい，とはならないことを理解する必要があります．

8.1 mission・機体全体からの設計要求 ―成否を握るエンジン性能―

ロケットといえども輸送機械の端くれですので，「いつ・なにを・どこに・いくらで届けるか（mission）」という期待を満たせなければ，文字どおり無用の「長物」です．地球低軌道（LEO）まで10トンなどと，mission要求が明示されたとたん，必要増速度ΔVが決まり，さらに推進薬を選定したところで，おおよその機体規模や構成などが見えてきます．さらに機体各段構成（staging）に分配したのち，ようやくエンジンへの要求が固まります．以下に，mission要求から展開される具体的技術要求を示します．このように書くと，missionを筆頭とする上位システムから一方的に要求が降ってくるように見えますが，包含される下位システム側では，並行して技術的成立性を検証します．実現できそうもない要求は，これまた無意味で，複数ケースについて十分に可能性を吟味したうえ，双方向の合意によって絞り込み，末端まで設計要求が確定・展開されることになります．

(1) 使用条件・環境条件（ロケット飛行経路）
(2) 推進薬，混合比，比推力
(3) 推力，推進薬流量，エンジン質量
(4) 吸込み性能（有効 NPSH：必要タンク圧力に連動する）
(5) 信頼性，運用性（故障のしにくさ，使い勝手）
(6) 開発コスト，製造コスト，運用コスト

問題は，やってみてできるかどうかわからない新規技術です．たとえば，高圧大型水素エンジンなどがその代表だったのですが，できるだけ早期に実験実証に取りかかる，目標に届かない場合に備えて設計余裕や代替設計案を準備する，あるいはほかのシステム全体でカバーするなど，開発スケジュール上に判断ポイントを設け，致命傷とならないよう代替の算段（contingency plan）を丹念に講じておく必要があります．

性能要求や環境要求のほか，故障しにくさの指標として，信頼性なども性能の一部とみなされるようになりました．mission 要求をどのように構成部品（エンジン）レベルまで配分・展開していくか，その設計フローを図 8.1 に示します．この間，担当間でせめぎ合いが続くことはいうまでもありません．

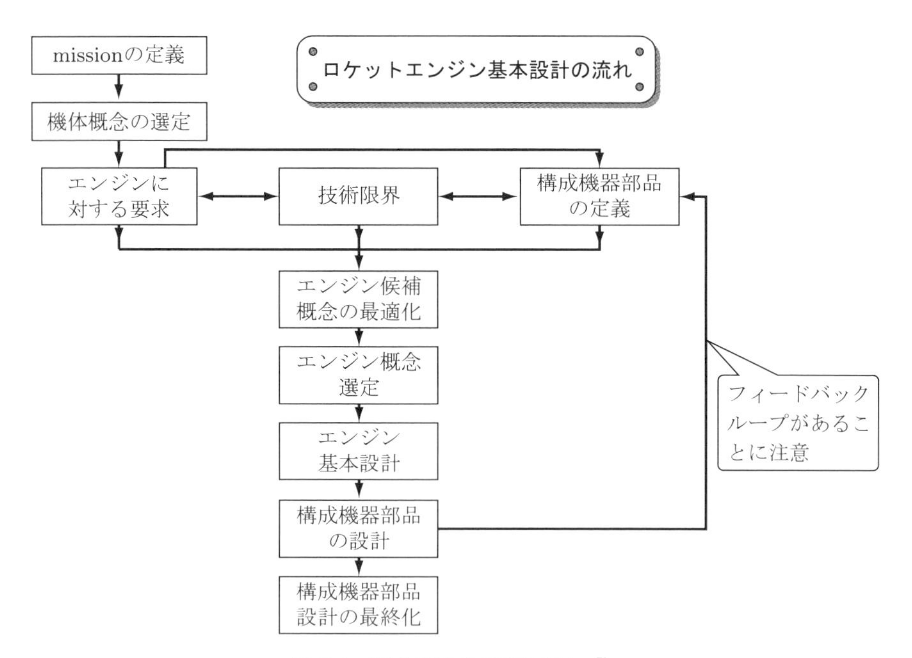

図 8.1　要求に基づく設計フロー[5)]

8.2 推力と比推力 ―規模と質の関係―

mission 要求から展開された技術要求のうち，エンジンに対するもっとも基本的な性能要求は，推力および比推力です．前者が足りないと，そもそもロケットがもち上がらないから切実です．後者が不足すると，同時に推力も損ないます（$F = I_{sp} \times m \times g$ なので．1.3 節参照）が，それ以上に十分な増速がかなわず，目標軌道に到達できません．その場合，2.2 節のツィオルコフスキの式に基づいて，推進薬質量比 λ を向上させてカバーすることになるのですが，実際上，機体構造の質量軽減はそんなに簡単ではありません．できそうな軽量化はすでに尽くされています．すると，軽量化での対策はできず，結局，推進薬を増量して，ロケットの全備質量を拡大させていくしかなくなります．つまり，同じペイロードに対して，全備質量のかさむ重いロケットになってしまうのです．

ここから先，意外と気が回らないのですが，ロケットが重量化すると，それをもち上げるためにエンジンの推力要求が連動して，大推力エンジンが必要となり，その結果，技術難度ばかりか，エンジン質量の増分がさらにロケット質量を押し上げるといった「イタチごっこ」に陥ることになります．いわば，エンジンの燃費が悪いと，やむなく増量した推進薬をもち上げるために，さらにエンジン規模が肥大するといった悪循環で，ペイロード（乗客）にはなんの恩恵もありません．図 8.2 には，その比較をイメージとして示しました．低比推力の場合（左），たとえ高密度推進薬を用いてかさ

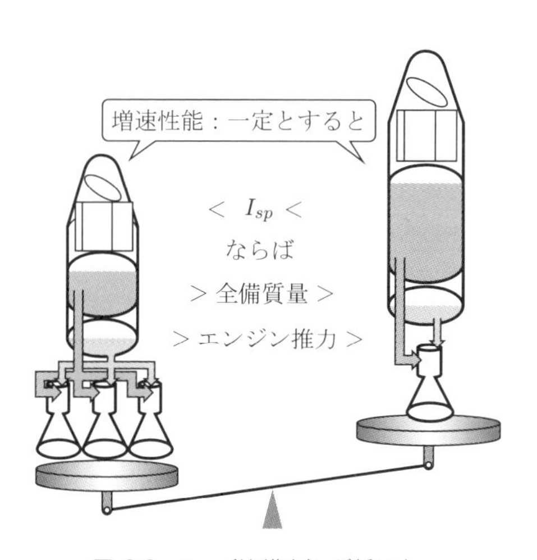

図 8.2　I_{sp}（比推力）が低いと…

ばって見えなくとも，ずっしりと重いロケットとなるため，必然的に大推力エンジン，あるいは複数エンジンの増強が必要となります．

実際，他国ロケットの全備質量500トン以上（1990年当時）に対し，同性能のわが国のH-Ⅱロケットは同265トンに過ぎず，エネルギー効率上も，環境負荷上も，優れていたといえます．昨今，商業上の利得や運用上の利便が優先されがちな趨勢ではありますが，エネルギーや環境負荷などの面を考慮に入れて，じっくり優先順位を議論することが必要です．

8.3 推進薬および混合比の選定 —骨格は，とどのつまり酸素と水素—

要求されたΔV（増速能力）を満たすために，もっとも感度の高い要因は，推進薬（燃料/酸化剤）の選択と組合せです．これらは，エンジンというよりも，むしろロケット全機に影響が及ぶ選択肢で，これらにより大筋その性能が決まってしまうといってもいい過ぎではありません．このなかには，固体推進薬を用いる選択肢も含まれ，実際，固体ロケットを補助ロケットとして用いるほか，主力打上げロケット全段を固体で構成する構成も候補となりえます．一般に，固体ロケットには以下の特徴のあることが知られています．

(1) 真空中比推力は，I_{sp}@vac～300 sと低め（@vac：真空中）
(2) 構造が簡単で，保管温度の管理以外，射場での扱いは比較的に楽（ただし，低気温がチャレンジャー固体ロケット事故の原因であった）
(3) 燃焼中断，再着火，推力調整など，柔軟な制御は苦手
(4) 基本的に，再充填・再使用は不可．同じ個体の地上燃焼試験はできない．

一方，液体ロケットでは，これらの得失がまったく逆転して，つまり射場での手間暇は大変になります．ですが，将来，地球外天体で推進薬を製造する可能性も考慮したうえ，この先は液体ロケットに焦点を絞って議論を進めます．

液体推進薬の組合せもほぼ無限にありますが，単純に燃焼温度や発熱量が高ければよいというわけではありません．ロケットエンジン独特の条件があります．主たる要求として以下があげられます．

(1) 発生ガスの平均分子量が小さく，噴射速度c，すなわち比推力I_{sp}が高いこと
(2) 平均密度が高く，推進薬タンク容積が小さいこと

(3) 組成が安定で，安全に製造，貯蔵，輸送できること
(4) 環境に排出するため，取扱い上の危険，汚染，毒性が低いこと
(5) 入手しやすく，安価であること

結局，すべてを同時に満たす万能薬は見出せず，実用される組合せは，以下のとおり3系列に分かれます（以下，①，②の数字は図8.3を参照のこと）．

(1) 極低温系（高比推力）

$$H_2 + O_2 \rightarrow H_2O$$

(2) 石油系（高密度：タンク容積小）①

$$C_nH_m + O_2 \rightarrow H_2O + CO_2$$

(3) 二液系（貯蔵性，自己着火，有毒）②

$$N_2H_4 + N_2O_4 \rightarrow H_2O + NO_2$$

系列といいながらも，よくよくみると，いずれも水素(H)/酸素(O)が骨格となっていることがわかります．水素と酸素は，液化するために極低温まで冷却する必要があり，輸送や貯蔵にも手間がかかるのですが，一方，水素に炭素(C)が結合した石油系燃料（ケロシン（灯油）など）では，常温で安定な高密度液体燃料となり，扱いはよほど楽になります．あるいは，水素と酸素のそれぞれに窒素（N）が結合すると，ヒドラジン二液系推進薬となり，毒性が発現するものの，常温で安定，さらに混合するだけで自己着火する特典までついて，点火装置すら不要となります．もちろん，その代償として，発生ガス中に分子量の大きい炭素・窒素化合物が生成し，その分，噴射速度は顕著に低下することになります．

ところで，推進薬の密度 ρ は，ロケットの性能にどう効いてくるのでしょうか？ツィオルコフスキの式には，直接現れない変数ですが，2通りに効いてきます．

(1) 推進薬の平均密度が高いとタンク容積が小さくなり，タンク質量を軽減できる
→ 結局，推進薬搭載割合 λ が向上し，間接的に獲得 ΔV が向上します．
(2) 同じく，タンク容積が小さいと大気飛翔中の空力抵抗を抑制でき，軌道到達に必要な ΔV を低減できる
→ こちらの効果は，実際に大気モデルを想定し，機体サイズ，飛行経路を決めて初めて定量化できます．初期設計では正確に評価しにくい効果ですが，効果は必ずしも小さくありません．

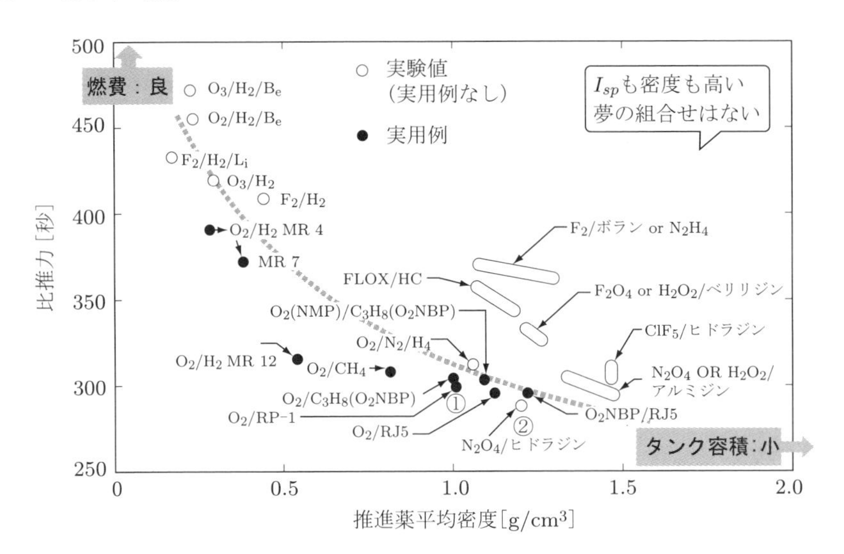

図8.3　燃料/酸化剤の組合せ
(79-IAF-01, R. Beichel, "Advancement in chemical rocket engine technology", Thirties congress of the Intenational Astronautical Federation, Fig.1 より引用)

したがって，初期設計における方針としては，できるだけ比推力 I_{sp} が高く，同時に平均密度の高い推進薬を選定することが理想となります．図8.3に，推進薬の組合せによる比推力と密度の分布を示しました．図中には，推進薬分子式のほか，後述する混合比（MR），温度状態（MP：融点，BP：沸点，N：標準状態）をあわせて示しています．

あいにく，高比推力，高密度の双方を両立する組合せは見出せず，結局どちらを重視するか，目的や飛行経路などに応じて我慢の選択をすることになります．本来，事前に損得を精査しておきたいところですが，機体サイジングまで含めた詳細な飛行シミュレーションが必要で，精度の高い初期比較が難しいことは前述したとおりです．

推進薬に関するもう一つの設計パラメータは，混合比です．酸化剤/燃料の質量割合の意味合いで，O/F（O by F）あるいはMR（mixture ratio）と表記します．

一般の燃焼装置では，理論混合比で完全燃焼させ，未燃成分を残さないことが理想です．たとえば，水素と酸素の場合，

$$2H_2 + O_2 \rightarrow 2H_2O$$

で過不足なく燃焼が完結し，燃焼生成ガスは水蒸気（分子量 = 18 g/mol）のみとなります．水素分子（H_2）と酸素分子（O_2）の分子量はそれぞれ 2 g/mol，32 g/mol

ですから，完全燃焼する理論混合比は

$$O/F = \frac{32}{2 \times 2} = 8$$

となります．

一方，ロケットエンジンが用いる最適混合比は O/F = 4～5 で，燃焼発生ガス中に，質量割合で 10～15%の未燃水素が残ることになります．ここが狙いです．軽い水素で燃焼生成ガスの平均分子量を下げ，最大加速できる配合を得るために，意図的に混合比を理論値から外しています．推進薬ごとに，混合比（横軸）の影響を図 8.4 に示します．たとえば，酸素と水素の極大噴射性能（比推力：縦軸）は混合比 4～5 で得られますが①，付近の性能勾配は小さいため，あえて酸素割合が高い方向に設計点をずらしてタンク容積や質量を抑える工夫②も，LE-7 エンジンでは採用されています．

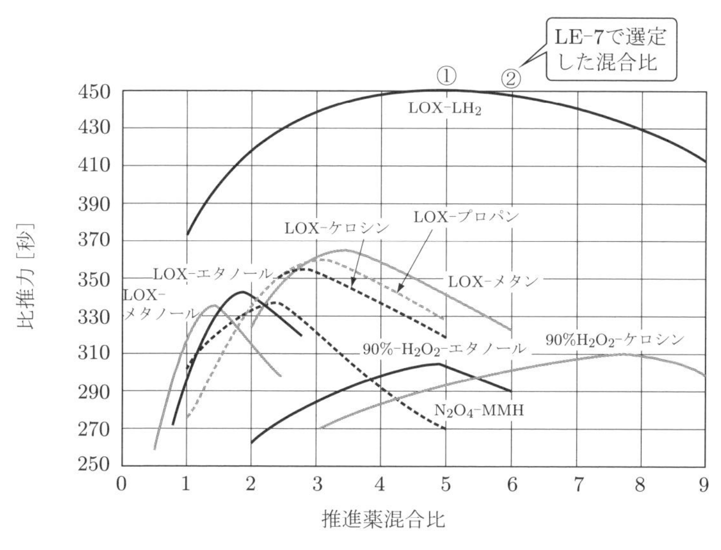

図 8.4 混合比の影響[33)]

8.4 エンジンサイクルの選定 ―タービン駆動パワーをどこからひねり出すか？ ―

液体エンジンの推力発生源は主燃焼室であり，高圧高温で安定に燃焼を持続させねばなりません．そのためには，高圧燃焼器中に連続して推進薬を供給することが必須です．流体は高圧側から低圧側にしか流れないので，たとえば，主燃焼圧力 P_c が 15 MPa であれば，あらかじめそれ以上に推進薬を加圧して押し込んでやることが必要です．加圧のためには一定のエネルギー源が必要で，そのために推進薬を流用すれば，結局エンジン比推力（燃費）を低下させることになります．これらを織り込んで，加圧方式を選択する必要があります．

実用液体ロケットにおいて推進薬を加圧する方法は，2通り考えられます．

(1) タンク加圧方式（図8.5(a)）

推進薬タンク内に高圧の加圧ガスを吹き込み，推進薬ごとタンク全体を加圧する方法です．加圧用高圧ガス源を準備する必要があるものの，構成や構造は単純で，しかも推進薬の流用はありません．ただし，タンクそのものが高圧容器となるため，著しい質量増を伴い，あるいは逆に，高い燃焼圧 P_c は容易に実現できません（一般に，$P_c < 1$ MPa）．したがって，比較的低性能の小規模ロケットに限定して用いられます．

(2) ターボポンプ加圧方式（図(b)）

推進薬タンクから主燃焼器に至る流路の途中に昇圧ポンプを組み込み，使う直前に必要分のみを加圧する方法です．タンクをまったく加圧しないというわけにはいきませんが，昇圧ポンプの吸込み要求（後述）を満たすだけの0.2〜0.3 MPaのわずかな加圧ですみ，大容量タンクの軽量化には効果絶大です．ゆえに，大型高性能ロケットにはほぼ例外なく，ターボポンプ加圧方式が採用されています．

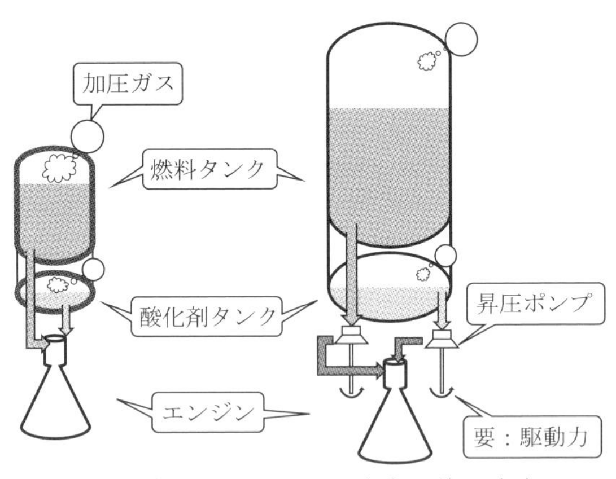

図8.5　推進薬の加圧方法

問題は，ターボポンプ方式ゆえの複雑な構成です．燃料と酸化剤にそれぞれ昇圧ポンプが必要で，ポンプがあるからには，駆動する動力源を準備せねばなりません．もちろん，各ポンプに電動モータを直結してもよいのですが，モータとバッテリの重さはただならず，とても実用にはなりません．機体上の資源を使うとすれば，結局，タービン駆動専用の副燃焼室を追加することが現実的な解となります．推進薬の一部を流用して「不完全」燃焼させた発生ガスでポンプ直結のタービンを駆動します．わざわざ，「不完全」をつけるには理由があります．完全燃焼をさせると，燃焼温度は3,000 K以上にも達し，数百秒とはいえ，タービン材料が耐えられません．タービン翼が損傷しない1,000 K以下程度の混合比でトロトロと燃やしてやるのが秘訣です（未燃成分が残ることに注意．あるいは，片方の推進薬で高温燃焼ガスを希釈，温度降下させると考えてもよい）．

一方，主燃焼室は3,000 K以上の高温で燃えるのですが，こちらは噴射速度の確保上，むやみに温度を下げるわけにもいかず，なんらかの方法で外壁を冷却しないともちません．その冷媒（冷却用流体）にも結局は推進薬を使うしかないのですが，壁を冷やした結果，推進薬自身は逆に温まり（熱交換），ほどよくガス化します．この吸熱ガスを用いてタービンを駆動する画期的システムも考案・実用化されました（エクスパンダ方式．P&W社RL10エンジンほか．3.5節参照）．ただし，こちらは幾何学的熱交換面積，したがって交換総熱量に制約があり，数百kNを超えるような大推力，あるいは高燃焼圧力エンジンで実用例はありません．

さて，タービン駆動源は，「不完全」燃焼ガス（副燃焼室サイクル）（B），あるいは主燃焼室冷却済ガス（吸熱サイクル）（E）と決まりましたが，その下流側ではタービン駆動後の排ガスをそのまま外部に廃棄する（開サイクル）（O）か，未燃成分を再燃焼させて有効利用する（閉サイクル）（C）か，二つの選択肢にわかれます．その組合せおよび配管系統図を図8.6に示します．$2 \times 2 = 4$通りの組合せとなり，それぞれに特長を生かして実用化されています．

一般に開サイクルでは，わずかとはいえ，虎の子の推進薬を推力を発生させないまま排気（廃棄）することになります．一方，閉サイクルは，無効推進薬がないため良燃費ですが，推進薬は，ポンプ吐出し出口① → 主燃焼室冷却管② → 予備燃焼器（プリバーナ）③ → タービン④を順番に経由して主燃焼器⑤に供給されるため，経路が複雑で，かつ各段階の圧力降下が順列に積み重なる結果，高吐出し圧ポンプが必要となります．たとえば，アメリカのSSMEでは，燃焼圧P_c～20 MPaに対して，水素，酸素ポンプの吐出し圧力は，それぞれ43 MPa，54 MPaと，2倍を楽に超えてしまいます．

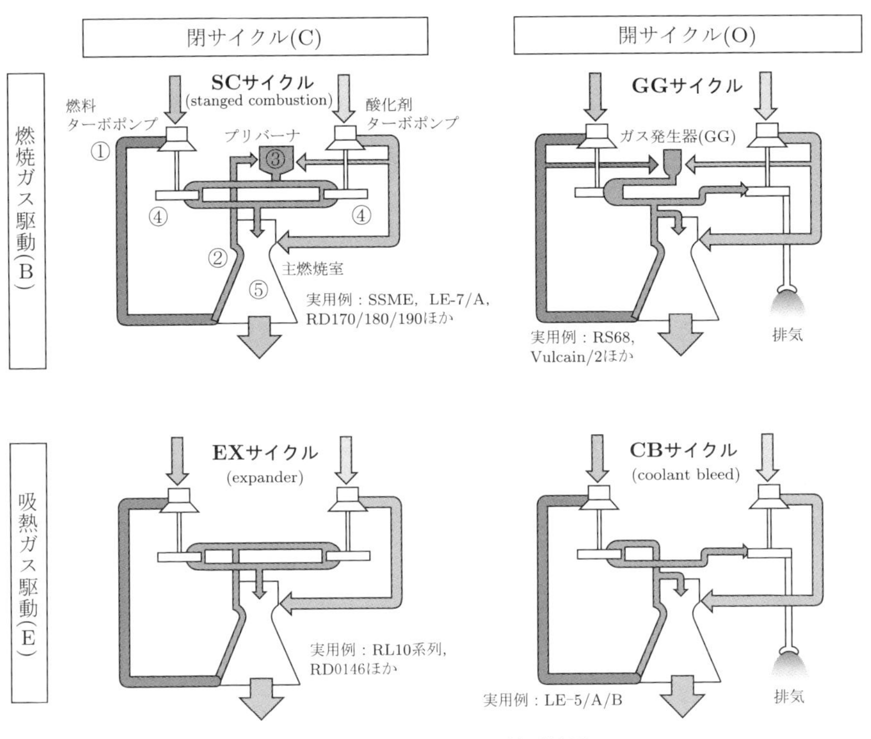

図 8.6　各サイクルの配管系統図

このように，エンジンサイクルは，熱力学上のサイクル（カルノー，ランキンなど）とは別物で，ターボポンプを駆動する動力源の素性を分類したものと考えられます．これ以外の方式として，タップオフサイクルがあげられます．これは高温主燃焼ガスの一部を直接抜き出し，希釈・温度低下させてタービン駆動に用いる方法で，アメリカの J-2S エンジンに採用されましたが，実運用には至りませんでした．

コラム 4　あらかじめ推進薬を混合しておく，その試みに彼は殉じた[36)]

ロケットエンジンには，酸化剤と燃料が必要です．これらを昇圧するために，それぞれにターボポンプを装備することになります．いわば，二つの心臓が，複雑さの原因であることは明らかです．その昔，あらかじめ両推進薬を混合しておくことを思いつき，試そうとした先駆者がいます．1934 年，彼は過酸化水素（酸化剤）とアルコール（燃料）をあらかじめタンク内で混合し，そのまま燃焼器に送り込み燃焼させようと考えました．過酸化水素 3%溶液はオキシフル消毒液ですし，アルコールともども，どちらもそれほどの危険物とは思えず，かなり自信があったものでしょう．そのまま燃焼器の傍らで点火を見守った3名が帰らぬ人となりました．やはり，すさまじい反応を起こすことがロケット燃料の身上です．以来，ロケットには独立二系統で推進薬を分離供給し，現在に至っています．

8.5 燃焼圧力の選定 ―欲張ると，ターボポンプが追いつかない―

燃焼圧力は，エンジン比推力，質量，サイズのほか，その技術難度に大きく影響しますが，技術難度の観点からいえば，燃焼圧力は低いに越したことはありません．設計・製造上も，コスト上も余程楽になり，それ以上に故障しにくくなります．実際，真空中で使う上段用エンジンでは，燃焼ガスを真空まで十分に膨張させて加速できるため，燃焼圧力を上げていく動機は希薄です．

ところが，海面上（標高0 mの大気圧中，つまり一般射場の標高を指します）で燃焼開始する打上げ用1段エンジンでは事情が変わります．海面上から真空中まで通して運転するためには，特別な設計配慮が必要となります．燃焼排気ガスをより大きく膨張させて，噴射速度を向上させると，必然的に排気膨張ノズルの内圧が低下します．真空中では問題ありませんが，海面上では，負圧が過ぎると，周囲大気がノズル外周から侵入・逆流し，予定の噴射性能が得られないばかりか，不安定な流れ（剥離）や振動を引き起こします．さらに，外圧によって，ノズルがペシャンコに潰される事故例も報告されていました．性能を守りつつ，これらの問題を回避するためには，膨張ノズルの出口圧力が下がりすぎないように，全体の圧力レベルをかさ上げする必要があり，必然的に高燃焼圧力エンジンが望まれました．ゆえに，アメリカのSSMEの燃焼圧力 P_c も，20 MPaと水素エンジンでは類を見ない高圧が選択されています．高騰する技術難度を覚悟して，燃焼圧力を上げ，大気中での噴射速度＝燃費を稼いだ例といえます．

ではこの調子で，燃焼圧力 P_c を上げていくとどうなるでしょうか？ 燃焼ガス駆動/閉サイクル（＝SCサイクル）を例に，その影響を図8.7に示しました．横軸の燃焼圧力に連動して，必要ターボポンプ吐出し圧力（縦軸）が指数関数的に急上昇し，最後には数学的にも成立解がなくなります．技術的難度を考慮しても，やたらに燃焼圧力 P_c を増大させるわけにはいきません．図中のMRbは副燃焼室混合比ですが，変化させても傾向は同様です．また，タービンの温度制約上，MRbの値は1.0がほぼ上限です．

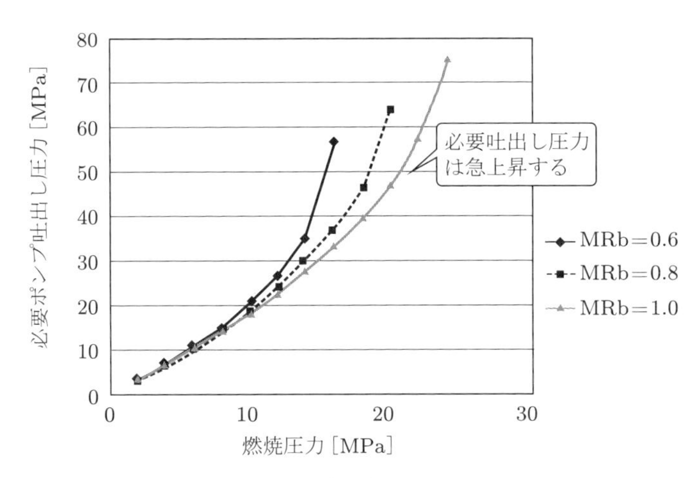

図 8.7　燃焼圧力とポンプ必要吐出し圧力の関係

また，エンジンサイクルによっては，燃焼圧力（横軸）を上げていくと，かえって損になる領域も発生します．図 8.8 のとおり，開サイクル（例：GG サイクル）では，いったん極大①となったのち，比推力（縦軸）はかえって低下していきます②．これは，ポンプ吐出し圧力の上昇に連動して，ポンプ駆動パワーも増大し，推力発生に寄与しないまま排気されるタービン駆動ガス流量が増大することによるものです．

そのほか，燃焼圧力 P_c によって影響を受ける要因として，燃焼室のサイズと質量があげられます．

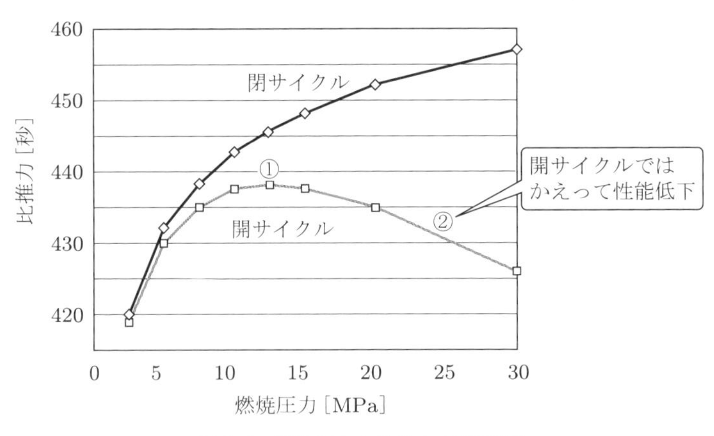

図 8.8　燃焼圧力と比推力の関係[33)]

$$F\ [\mathrm{N}] = P_c\ [\mathrm{N/m^2}] \times A_t\ [\mathrm{m^2}] \times C_f$$

A_t：スロート面積 $[\mathrm{m^2}]$

C_f：推力係数（膨張ノズルによる推力利得）

つまり，同じ推力 F に対して，燃焼圧力 P_c を増加させると，反比例してスロート断面積，すなわち燃焼室サイズをを縮小できます（C_f は一定と仮定）．第 9 章の燃焼器設計で触れますが，音響的な共振周波数を高域に追いやり，破壊的な燃焼振動を起こしにくいロバストな小型燃焼システムを実現できます．うまくいけば，質量についても，高圧化による増分を小型化によって相殺できます．これらを考えあわせて，用途ごとに最適な燃焼圧力 P_c を決定することになります（旧ソ連の設計では，小型燃焼器を多数並べる傾向があるといえます）．

8.6 ノズル膨張比と剥離限界 ―性能を欲張ると，本当に潰される―

超音速流れを，滑らかに損失なく膨張させ，ガス流れを加速して最終噴射速度（$\propto$ 比推力）を稼ぐことが，膨張ノズルの役割です．前述のとおり，燃焼圧力と膨張ノズル設計には，密接な関係があります．外界背景圧力の変化に伴うノズル流れ変遷の様子を図 8.9 に，および対応する代表的実写画像を図 8.10 に示しました．

図 8.9 の左図では，ノズル軸方向長さを横軸に，ノズル内部圧力比 P/P_c の分布（中段），およびノズル内マッハ数 M の分布（下段）を示し，右図には，引き出し線で対応させて流れ場を模式的に示しています．ノズル出口で十分に P/P_c が膨張・低下し，マッハ数 M を稼いでいれば，健全に機能している状態ということになります．

いま，一定の燃焼圧 P_c に対して，ノズル出口の背景圧力 P_a を真空状態から徐々に上げていくと，内部流れの状態は，図 8.9 の k→a をたどります．点 k では，低い背景圧中に過膨張し，十分な加速を完了しています（膨張波が発生．図 8.10(c) に相当）．点 j では，ノズル出口圧 P_e と背景圧 P_a がちょうど一致（最適膨張）し，不連続な圧力分布を発生することなく，滑らかに流れ出ます．さらに，背景圧 P_a が点 d まで上昇すると，ノズル内部流れは，出口到達前の位置 s で急激に圧力上昇し，膨張・加速が阻害されてしまいます（流れの剥離）．直前の点 f では，ノズル出口直近に垂直衝撃波を発生していますが，加速は十分で，エンジン動作にも支障はありません．このように，最適膨張条件以上に，背景圧力が上がっても，ある程度までは我慢してくれま

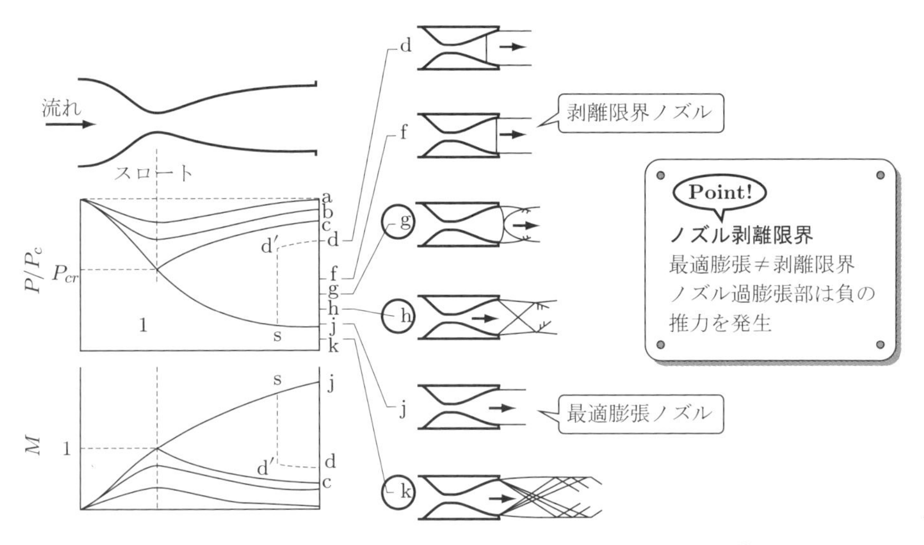

図 8.9　外界圧力の低下に伴う先細末広ノズル内の流れの変化[42)]

(a) 過膨張流れ
$P_e < P_a$

(b) ほぼ最適膨張流れ
$P_e \sim P_a$

(c) 不足膨張流れ
$P_e \gg P_a$

図 8.10　ノズル出口火炎の様子
(Barney Gorin, "Propulsion Fundamentals", 43rd AIAA/ASME/SAE/ASEE Joint Propulsion Conference, short course 資料, 2007 より引用)

すが，限界に至るといきなりノズル内部で剥離を発生することになります．点 f を剥離限界とよび，ここまでが実用限界で，図中の点 a～d では，加速ノズルとして機能してくれません．

さて，燃焼圧力が与えられたとき，最適なノズル膨張比をどのように決定できるでしょうか？ 以下，決定の過程を例示します．図 8.11 には，横軸にノズル膨張比 ($\varepsilon = A_e/A_t$，ここで A_e：ノズル出口面積，A_t：ノズルスロート面積)，縦軸にノズ

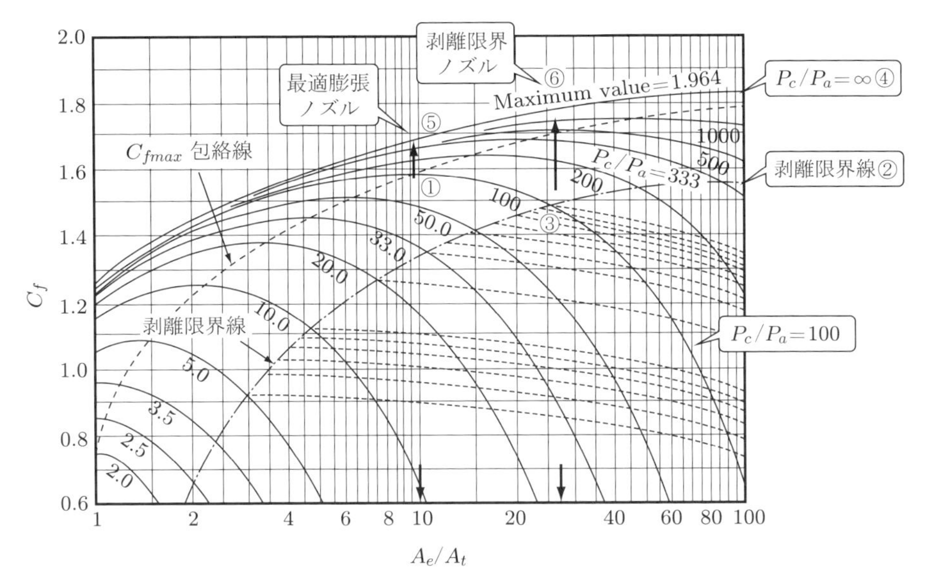

図 8.11　最適膨張・剥離限界ノズルの性能[43)]

ル推力係数（C_f）をとり，最適膨張条件と海面上の剥離限界を示しました．海面上とは，ロケットの飛行領域中，もっとも周囲大気圧が高く，ノズルの剥離が発生しやすい条件（標高 = 0 m）を指しています．比推力 I_{sp} は C_f を用いて以下のように示されますが，おおまかに C^* は燃焼性能，C_f はノズル性能を代表する指標ととらえることができます．

$$\text{比推力 } I_{sp}\ [\mathrm{s}] = C^*\ [\mathrm{m/s}] \times C_f \quad (C^*：9.1\text{ 節を参照})$$

海面上から真空中まで連続して用いる１段エンジンのノズルでは，動作環境が刻々と変化するため，これらのチャートを用い，使用全領域を見通したうえ，ノズル膨張比を決定することが必要です．

いま，燃焼圧力 $P_c = 10$ MPa，$P_a = 0.1$ MPa（大気圧）を想定し，したがって $P_c/P_a = 100$ の線に注目すると，C_f が極大となる最適膨張比は，$\varepsilon = A_e/A_t = 10$ ①と読み取れます．一方，剥離限界線②との交点③は $\varepsilon \sim 25$ となっており，膨張比 10→25 で明らかに C_f は低下しています（①>③）．$\varepsilon \sim 25$ では，剥離はしないまでも，ノズル内部先端付近ではノズル内圧力が周辺大気圧以下に低下しており，その部分では，差し引き「負の推進力」を発生している状況です．

にもかかわらず，実際の設計では，最適点ではなく，海面上剥離限界を設計点に選ぶことが一般的です．その理由は，1段エンジンの飛行経路にあります．燃焼開始は大気中ですが，高度30 kmまでも上がれば，ほぼ真空（〜1 kPa〜1/100気圧）です．実際，海面上最適ノズル（$\varepsilon = 10$）と剥離限界ノズル（ε〜25）を真空中（$P_c/P_a = \infty$ ④）にもち込むと，そのC_fの差⑤<⑥は明らかです．1段エンジンとはいえ，飛行経路の大半は低圧環境下であり，低空性能を落としても，真空中で本領発揮する設計が合理的ということになります．逆にいえば，エンジンが本領発揮できないばかりでなく，空気抵抗もかさむところから，大気層はできるだけ低負荷で速やかに通り抜けるような飛行軌道の設計が望ましいということになります．あるいは，大気中→真空中の過程で，ノズル膨張比可変となる高度補償ノズルの実現が期待されますが，いまだに1段目で実用化した例はありません．

図8.12には，ヨーロッパのVulcainエンジン（$P_c/P_a = 100$）およびアメリカのSSME（$P_c/P_a = 200$）のノズル設計点（$\varepsilon = 45$，および77.5）を示します．いずれも，海面上剥離限界で設計されていることがわかります．

図8.13には，典型的な1段エンジンノズル（初期設計$\varepsilon = 60$），また，図8.14には，伸展可能ノズルを備えた上段エンジン（$\varepsilon = 285$，ノズル出口径213 cm）を示します．ただし，後者は真空中で作動するエンジンですから，剥離限界を考慮したものではなく，エンジン収納サイズを抑制することが目的です．

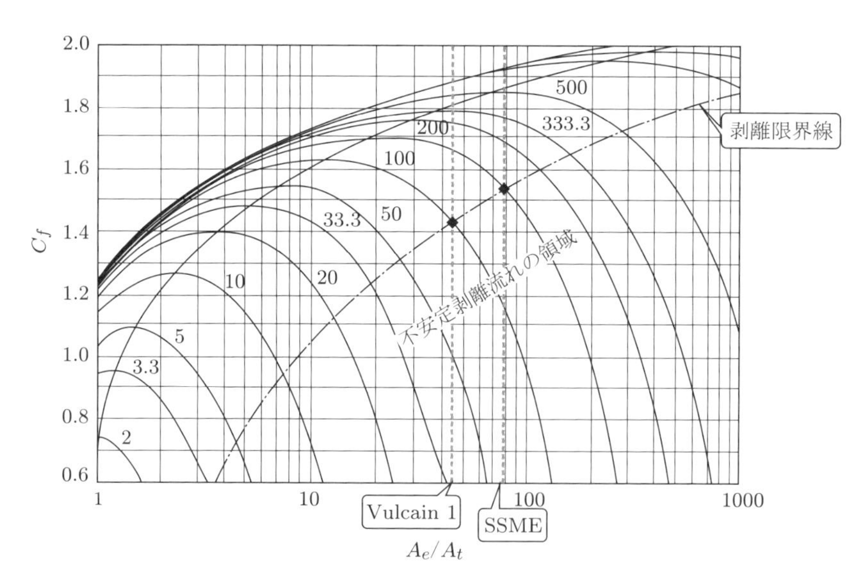

図8.12　ノズル開口比の選定[33)]

図 8.13　LE-7 エンジンノズル ©JAXA

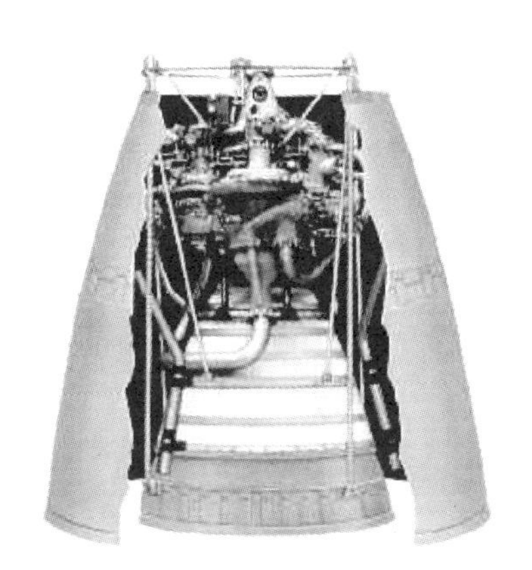

図 8.14　伸展ノズルを備えた RL10B-2 エンジン†

上記を踏まえると，ときどき富士山頂からや，台風低気圧のさなかにロケット打ち上げたい衝動に駆られることがあります．大気圧が低ければ，ノズル膨張比（剥離限界）を拡大でき，エンジン性能は向上するからです．

以上のとおり，節を分けて記述しましたが，推進薬選定，およびその混合比 O/F，比推力 I_{sp}，推力 F，エンジンサイクル，燃焼圧力 P_c，ノズル膨張比 ε は，相互に密接な関係にあり，独立，あるいは順番には決まりません．組合せとして最適設計解を探索することになります．図 8.15 および図 8.16 には，1980 年代当時に比較検討した過程を示しています．機体質量やサイズのほか，開発コストや期間，技術的難度なども評価項目に含まれ，結局，同じ打上げ性能に対し，全備質量最小，すなわち GF 最小の概念を選定しています（図 8.15 および図 8.16 の矢印）．

† 左図：©Mark Wade, http://www.astronautix.com

	LO_2／LH_2 推進系		LO_2／ケロシン推進系	
推進薬	LO_2／LH_2	LO_2／LH_2	LO_2／RP−1	LO_2／RJ−1 MB−3(改良案)
エンジンサイクル	SGサイクル	GGサイクル	GGサイクル	GGサイクル
燃焼圧Pc(kg／cm²A)	150	70	78	41.8
混合比 O／F	7.0	5.5	2.3	2.26
推薬平均密度 (kg／m³)	392	343	1010	1009
ノズル開口比	55	30	18	8(→16)
比推力 Isp (SEC) VAC / SEA	442 / 351	414	307 / 264	288(→301)
技術的問題点	・高圧高負荷燃焼，高熱伝達 ・高吐出圧高速ターボポンプ ・SCサイクルシステム設計 基本的にLE−5設計，開発実績の延長上にあると考えられる。基礎試験遂行中	・中圧燃焼 ・中吐出圧ターボポンプ	・高η_{c^*}達成 ・振動燃焼対策 ・設計実績なし	・設計実績はないが，製造実績あり。 ・改良案はノズル開口比を海面上での剥離限界まで増大させる事による性能向上が狙い。
実例	SSME・ASE	LE−5，J−2，HM−7	多，実績高い	―
技術的難易度	やや難であるが到達範囲内	比較的容易	比較的容易	容易
応用性，発展性	エンジンサイズ：小 高膨張化，2段転用可能 デュアルモード推進系（SSTO等）	エンジサイズ：大 応用は限られる	少ない。H−Ⅱにつながる基盤技術と考えにくい。 新規技術により高圧化の可能性は残る。	
同ペイロード能力に対する必要推力	210 TON（70 TON×3基）100％	250 TON（70 TON ×3〜4基）119％	380 TON（70 TON×5〜6基）180％	
推薬タンク容積比	100％	133％	77％	
開発スケジュール	計画7年	やや短かい	やや短かい	3.5年
開発コスト	計画470億円	やや低い	やや低い	ゼロ（30億円）
運用コスト	エンジン1基 約10億円	推薬，エンジン基数：多やや高い	推薬，エンジン基数：多かなり高い	
その他	・極低温燃料の取扱いは開発，運用時のコスト高となってはね返る可能性がある。 ・排出ガスは H_2O のみ。			・エンジン重量（920→963 kg） ・米と調整の要あり ・逆輸出の可能性
総合評価	現技術水準，性能応用性などから有力な次期ブースタエンジンの候補と考えられ，当面の研究開発の目標として適当である。	LH_2を用いる割には低性能。技術水準は現状維持，SCのバックアップとして検討要	将来への発展性からは新規着手には疑問がある。	

	LO_2／高性能HC推進系				HC・LH_2併用推進系
推進薬	LO_2／CH_4	LO_2／C_3H_8	LO_2／CH_4	LO_2／C_3H_8	LO_2／HC／LH_2
エンジンサイクル	GGサイクル	GGサイクル	SCサイクル	SCサイクル	GGサイクル
燃焼圧Pc(kg／cm²A)	80	80	150	150	RP−1 Pc〜150kg／cm²Aで Isp〜330 SEC
混合比 O／F	3.4	3.1	3.4	3.1	
推薬平均密度 (kg／m³)	822	1003	822	1003	
ノズル開口比	30	30	55	55	
比推力 Isp (SEC) VAC	337	320	353	335	
技術的問題点	・高燃焼効率の達成 ・燃焼振動対策 ・設計・開発実績なし		・高燃焼効率の達成（高圧・高負荷） ・燃焼振動対策 ・プリバーナコーキング ・高吐出圧ターボポンプ ・設計・開発実績なし		・高η_{c^*}の達成（高圧・高負荷） ・燃焼振動対策 ・2系統の燃料供給系 ・3コのタンクが必要 ・構造効率・信頼性低下
実例	なし		なし		なし
技術的難易度	やや難		難		やや難
応用性，発展性	・エンジンサイズ：大 ・応用性　：　小 ・SCサイクルに進む前段階と考えられる		・上段への転用利点少ない ・デュアルモード推進系（SSTD等）		・デュアルモード推進系に有利
同ペイロード能力に対する必要推力	290 TON 138％（70 TON×4基）	320 TON 152％（70TON×4〜5基）	270TON 129％（70 TON×4基）		
推薬タンク容積比	73％	66％	66％		
開発スケジュール	やや長い（基礎研究に1〜2年）		長い（基礎研究に2〜3年以上）		中
開発コスト	やや高い		かなり高い		部品点数多くかなり高い
運用コスト	推薬，エンジン基数：多　高い		推薬，エンジン基数：多　高い		同上
総合評価	・技術的問題点が多い割に性能低い ・エンジン推力大で運用コスト高 ・研究対象としてもSCに劣る		・性能的には注目を要するが，技術的問題多く次期ロケット用としては，技術基盤過少で無理 ・将来型として研究要		・検討不足であるが，次期ロケット用としては技術基盤過少と思われる。 ・将来型として検討を要する。

図 8.15　H-X の推進薬/エンジンサイクル選定[44)]

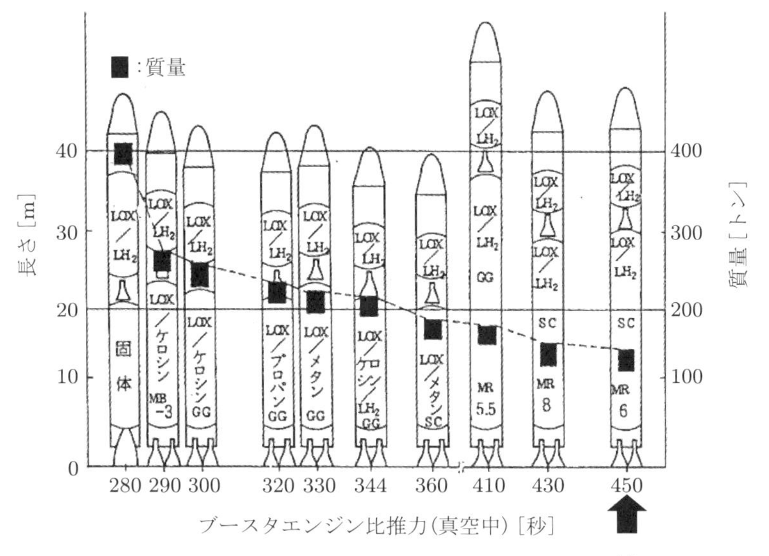

図 8.16　エンジン性能と機体全長・全備質量の関係[44)]

8.7 ターボポンプ吸込み性能 ―文字どおり，ロケットの軽重を左右する―

ここまで，主にエンジン単独の性能について記述してきましたが，その出来不出来によって，その影響はエンジンだけにとどまらず，機体側タンク圧力や，結果的に推進薬タンク質量に大きく影響する設計変数があります．それは，意外にもターボポンプの回転数なのですが，以下で全機設計に反映・応用した実例を示します．

高回転数を狙えば，自身のサイズや質量を縮小できるばかりか，効率も向上します．しかし，当然技術的難度も高騰し，どの領域を狙うのが合理的か，なかなか決め手がみつかりません．そこで，その因果がどこにどう影響するか洗い出しを図ると推進薬タンクという大物質量に及ぶ影響を定量化でき，それに基づいて機体とエンジン合同で統合的に設計を進めることができます．それを図 8.17 に示します．

つまり，回転数が高ければ，良いことばかりではなく，ターボポンプが小型化するとポンプ入口流速が上昇し，推進薬を吸い込みにくくもなるのです③．すると，それを補うために，タンク圧力を上げて押し込むことになり，その分タンク肉厚が増え，たとえば，1 段機体で数百 kg も質量がかさむことになってしまいます⑤．

図 8.18 に，ターボポンプのインデューサ吸込み限界を示しました．横軸は，タンク

発端：ターボポンプの回転数をどう決めるか？
影響：ターボポンプ回転数をＵＰすると…

① ターボポンプの技術的難度：UP
② ターボポンプの質量：DOWN
③ ポンプ吸込み性能：DOWN
④ タンク圧力：UP
⑤ タンク質量：UP
⑥ 加圧ガス必要量：UP

結局，ステージ全体に影響が及ぶ！

機体質量を極小化する最適組合せが存在する
H-IIロケット実機設計に適用

図 8.17　ターボポンプ回転数の影響

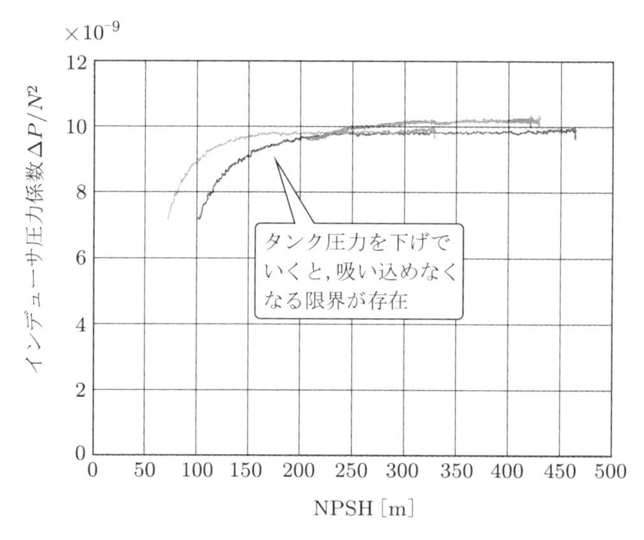

図 8.18　インデューサ吸込み性能（例）

圧力に連動する NPSH（正味吸込みヘッド）ですが，下げていくと，ある限界で激しいキャビテーション（流体の気化・沸騰現象）を発生し，ポンプが空転し，吸い込めなくなります（自動車のベイパーロックなどを想像してください）．この限界をインデューサ（吸込み羽根車）揚程として示しています．吐出し圧力が急激に低下することがわかります．限界に達して，流体が大挙ガス化すると，ターボポンプが無負荷・過回転状態に陥り，一瞬のうちに遠心破壊することは必定で，これは絶対に踏み越えてはならない一線です（H-II ロケット 8 号機の失敗では，この現象が起こったと考えられています）．

図 8.19 には，ターボポンプ回転数と，吸込み限界（NPSHcr）の関係を示します．数式を追うことを求めているわけではありませんが，回転数を上げると，インデューサ D_i が小口径となり，流速 C_m が増大し，結果として必要ポンプ入口圧力，必要タンク圧力も連動して増加する脈絡をご理解ください．

要求ポンプ性能　流量 $Q\,[\mathrm{m^3/s}]$
回転数 $N\,[\mathrm{rpm}]$ 仮定
インデューサ流量係数 $\phi = C_m / U_t$ 選定
C_m：インデューサ入口軸方向流速(m/s)
U_t：インデューサ周速(m/s)
インデューサ外径(m) $D_i = \left(\dfrac{240Q}{\pi^2 N\phi}\right)^{1/3}$
$\rightarrow C_m = \dfrac{Q}{\pi/4 \times D_i^2(1-\xi^2)}$　ボス比：$\xi \sim 0.3$
→ポンプ必要NPSH (m)　$\mathrm{NPSHcr} = K\,(C_m^2/2g)$
→ポンプ入口圧力　$P_i = \rho(\mathrm{NPSHcr} - C_m^2/2g) + P_v$
→必要タンク圧力　$P_t \geqq P_i$＋動圧分＋液位分＋慣性項など

図 8.19　回転数と NPSHcr，必要タンク圧力の関係

結局，回転数増減の効果はあちこちで長短さまざまですが，なべて限界に踏み込まないことを条件として，まとめて機体ステージ質量（目的関数）にどう効くか集約を試みました（図 8.20）．

ターボポンプ回転数をパラメータに，機体ステージ質量の増減を評価
Δステージ質量＝Δ推進薬タンク質量＋Δ加圧ガス質量
＋Δエンジン質量＋Δ残留推進薬質量

図 8.20　各段機体重量最小化設計手法

液体酸素タンクを例として，質量集約の結果を図 8.21 に示します．基本的に，タンク圧力を低下させていく①と，タンク質量を軽減②できますが，吸込み要求を満たすポンプは，回転数低下の結果，逆に大型・重量化③し，結局，合算すると質量の極小値が存在する④ことがわかります．H-Ⅱ ロケットの開発ではこの点を設計点に選び，機体の軽量化を企てました．

H-Ⅱ ロケット初期設計における水素・酸素ターボポンプ回転数（横軸）と機体ステージ質量の関係を図 8.22 に示しました．インデューサの設計水準（流量係数 ϕ）をパラ

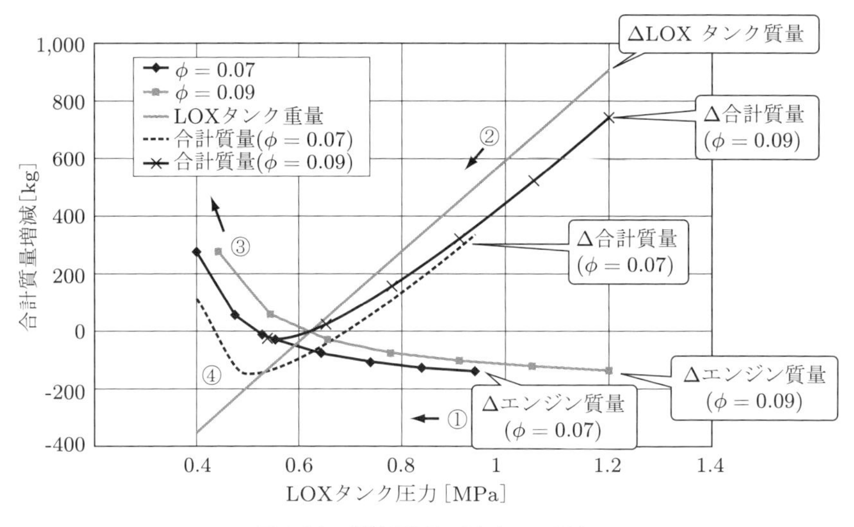

図 8.21　機体重量と酸素タンク圧力

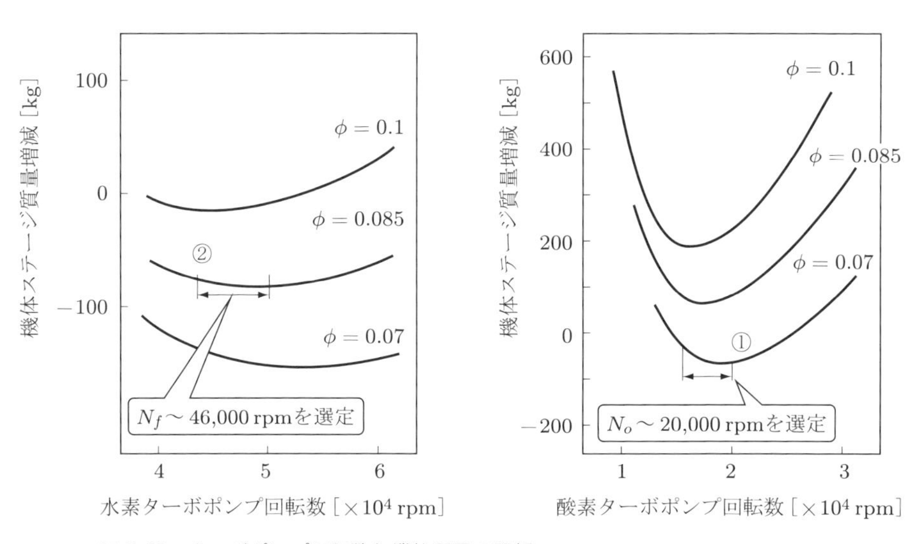

図 8.22　ターボポンプ回転数と機体質量の関係
H-II ロケットの 1 段機体の例．重量に対する感度は酸素側が大きい

メータにとっていますが，ステージ質量（縦軸）をみるとおり，酸素側回転数（右図）の感度が顕著に高いことがわかります．したがって，酸素側に高度設計インデューサ（$\phi = 0.07$ ①），水素側には標準ほどほど設計のインデューサ（$\phi = 0.085$ ②）を採用し，設計回転数には，それぞれ 20,000 rpm，46,000 rpm を選定しました．後者は質

量極小点ではありませんが，感度が低いため，ターボポンプの技術難度を下げようとできるだけ低い回転数を選んでいます．

なぜ酸素側の感度が高いのか，図 8.23 にその理由を示します．ポンプ入口条件に注目すると，一定圧力より高くかつ一定温度より低くないと，ポンプ入口で極端なガス化が発生し，インデューサは流体を吸い込めません．吸込み可能範囲を，ハッチング①で示しています．吸込み下限圧力は，飽和蒸気圧②と，ポンプ吸込み必要 NPSH ③の合算で決まるのですが，前者は物性値であり，設計に左右されません．つまり，水素側吸込み限界は，大半は物性値で決まってしまい，設計の腕を振るう余地は少なかったのです．実際の開発では，資源（人的，時間的，経費）は限られます．どこに努力を集中すべきか，考えさせられたよい例でした．

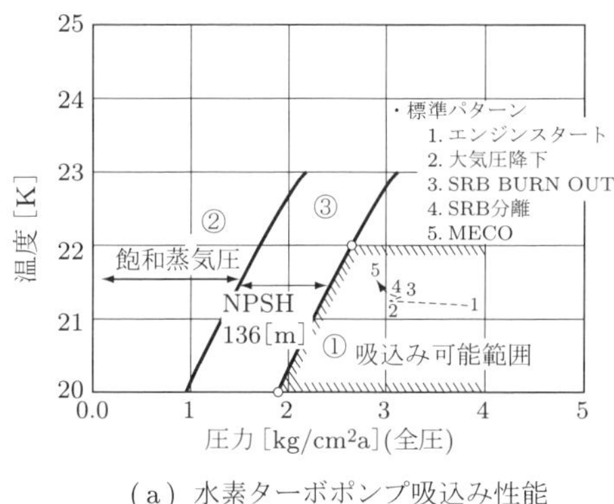

(a) 水素ターボポンプ吸込み性能

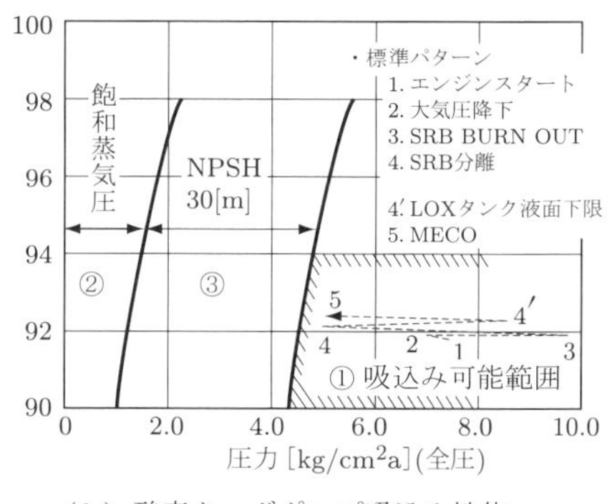

(b) 酸素ターボポンプ吸込み性能

図 8.23 酸素側，水素側の感度の違い

以上を反映した H-Ⅱ ロケットの開発方針を以下に示します．「効果」や「感度」によって，設計水準や開発資源を使い分けることが合理的と判断し直しました．

――酸素側の感度が高いから，

- 酸素側に高性能インデューサを採用する
- 研究開発試験を先行・重点化する
- 水素側には，標準性能インデューサを採用する
- 液温を抑えるほうが効果的

8.8 統合化・最適設計 ―こちらを立てると，あちらが立たず―

ターボポンプ回転数にみられるとおり，自己都合で不用意に設計点を変更すると，その影響はさまざまな場所に飛び火します．前述のとおり，それぞれに専門分野を囲い込んで，その範囲内で最良の設計をし，最高性能の要素部品を組み上げたとしても，最適なシステムが完成するわけではありません．とくに，ロケットエンジンの場合，一部の過剰設計は，ほかのどこかに限界設計を強いる原因にもなりがちなため，全システムを見通して余裕とリスクをうまく配分することが必須です．エンジンカタログに記載すべき主要諸元を以下に示します（f は関数であることを示す）．

(1) 比推力 $= f$（推進薬，混合比，ノズル膨張比，燃焼圧）
(2) 推力 $= f$（比推力，推進薬流量）
(3) 吸込み性能 (必要 NPSH) $= f$（ターボポンプ回転数，エンジン重量）
　→ 推進薬タンク肉厚，加圧性能：決定 → 機体重量：決定
(4) エンジン包絡サイズ $= f$（燃焼圧，ノズル膨張比）

こうして，機体も含め全体システムに目を配りつつ，エンジンの目標諸元に折り合いをつけていきます．前述のとおり，比推力一つとってもさまざまな設計因子が影響するため，燃焼圧力，推進薬混合比，ノズル剥離限界など，高感度の因子をパラメータに選りすぐって，統合的シミュレーション計算を行い，比推力が極大となる設計点を探索します．計算結果の例を，図8.24に示しました．この例では，設計可能空間に極大値が存在しないため，これ以上燃焼圧力を上げても比推力向上の効果が薄くなる（感度勾配の鈍化する）位置◕を設計点に選んでいます．

さて，エンジンの要求諸元が決まったところで，つぎはエンジン内部の各構成部品に設計要求を配分・展開していく必要があります．エンジンシミュレーション計算を行った段階で，エンジン各部のおおよその圧力，温度，流量など目標値が決まっています．シミュレーション計算結果の例として，LE-5エンジンの圧力分布を図8.25に例示しました．燃焼圧力 $P_c = 3.5$ MPa に対し，まず酸素・水素とも，ポンプで5～6 MPaまで昇圧せねばなりません①②．エンジン全域中，このポンプ出口がそれぞれ最高圧力となります．前述したとおり，流体は高圧側から低圧側にしか流れません．電圧，抵抗，電流の関係と同様，ある圧力の流体が，流路抵抗を押し通っていく（流量）と応分の圧力降下が発生します．ポンプ出口から下流では，制御弁や絞りを通過したり，冷やしたり③，燃えたり④しますが，順次圧力は低下し，最後は膨張ノズル

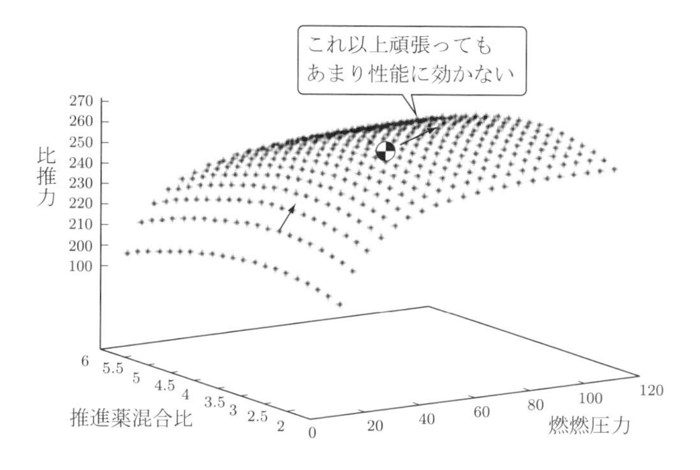

図 8.24　設計点の探索

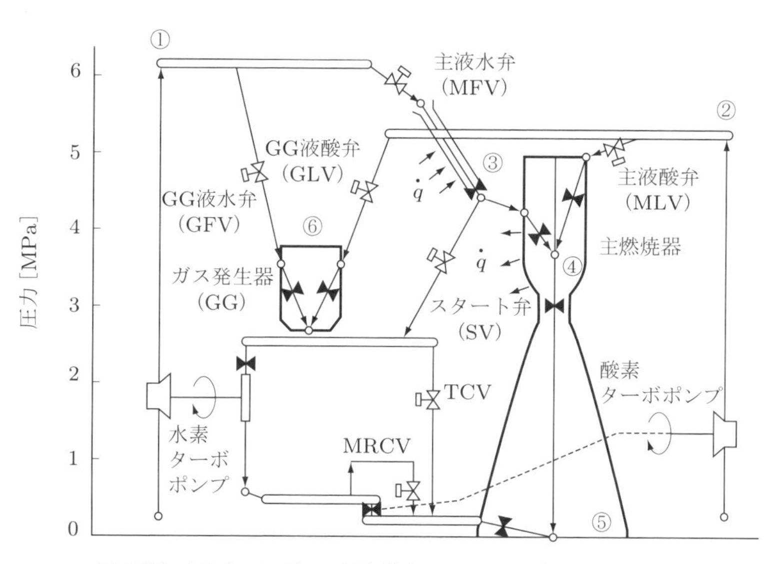

図 8.25　LE-5 エンジンの圧力分布．LE-5 過渡解析計算モデル

で加速され，ほとんど真空状態まで圧力降下して排出されます⑤．さらに，LE-5 エンジンでは，ポンプを駆動するために，GG（ガス発生器＝小型適温燃焼器）⑥を用いていますが，タービン発生パワーとポンプ必要パワーが釣り合っていることは，システム成立上，必要条件です．また，システム各部で，圧力・温度条件は刻々と変化するため，密度，比熱などの物性値は常に更新し，置き換えなければなりません．

こうして，エンジンシステム全域でうまくバランスが成立すると，つぎは燃焼室，ターボポンプなどの構成部品ごとに予備的設計を行い，材料強度をも含め，技術的に無理や矛盾のないことを確認していきます．これらを集約し，相互に矛盾のないことが確認できると，エンジンシステム系統図が完成します．図 8.26 に，アメリカの SSME の初期系統図を示します．ここまでが，エンジンシステム設計の最初の「一里塚」といえます．

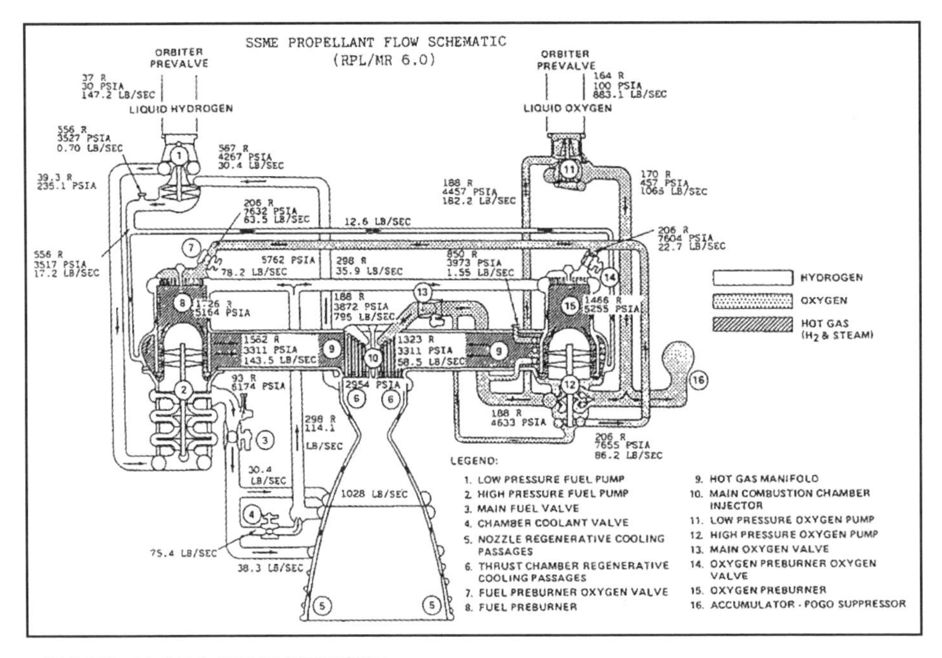

図 8.26　アメリカ SSME 初期系統図

(AIAA-82-1103, J. Johnson and H. I. Colbo, “Full power development of the space shuttle main engine”, 18th AIAA/SAE/ASME Joint Propulsion Conference, 1982 より引用)

この段階で，おおよそエンジン各構成部品に対する設計要求が定まるのですが，どの道，燃焼器スロート（絞り）部では降伏応力を超えており，またターボポンプ羽根車も遠心破壊寸前の設計が必要で，実際に正常に機能するものか，つくって試してみなくては確証できません．ここで頼りになるのは，古今類似品の設計や製造の経験，運転実績です．これらは，当然に希少なノウハウで，開示される例はまずみられません．しかし，アポロ月着陸計画時代のアメリカ NASA は，NASA SP8*** Design Criteria（設計基準）シリーズとして，世界にそのノウハウを公開していました．現在でも，

https://utrs.nasa.gov/

で検索することが可能です．もちろん，その後に技術水準は進化したはずですが，当時 8～12 兆円をかけたといわれるアポロ計画の技術データはいまだに貴重です．酸素や水素の高圧物性なども含まれており，これがなければ，1970 年代当時実績皆無であったわが国の開発があり得たか危ぶまれます．いずれにしても相当に遅延・難航したことは疑いありません．設計を志す方々はぜひ目を通してほしい，というより，むしろ「知らなければ危険」です．

第9章 燃焼器を設計する ―推進力の源泉―

第8章ではロケットエンジン全体の設計について考えましたが，これからはその構成要素について詳しく見ていきます．展示室で，ロケットエンジン燃焼器の中を覗き込んだ人の多くが，その「空洞ぶり」に驚かれるようです．また，釣鐘型ノズルに触ってみても，ガランガランとあまりに頼りない感触に不信も抱かれるようですが，正真正銘，燃焼器とノズルは，発電所にも匹敵するロケットエンジン推進力，エネルギーの源泉です．巨大なテルテル坊主のような外形をしており，頭の部分が燃焼室，首の部分がスロート（throat：喉＝超音速遷移絞り部），そして衣の広がりが膨張ノズルということになります．役割は，頭のてっぺんから流れ込む燃料と酸化剤をうまく混合・反応させて高温高圧の燃焼ガスをつくり出し，ついで亜音速領域から流体通路を絞り込んで音速まで加速し，さらに拡大ノズル部で膨張させて極超音速まで加速・整流したうえ，最小損失で一定方向に噴射することにあります．いきおい外観に注目が向かいがちですが，流体機械の主役は実のところその内部空間，すなわち流体通路のほうです．ターボポンプを含め，高速流体機械の設計に際しては，外形ばかりではなく，ぜひ流体の気もちになって「通路を流れてみる」ことをお勧めします．燃焼室断面形状としては，特殊な用途や配置を意図して矩形断面を採用する例もありますが，損失最小の流れや，等方かつ均一な冷却を実現するためには，円形断面を用いることが基本です．

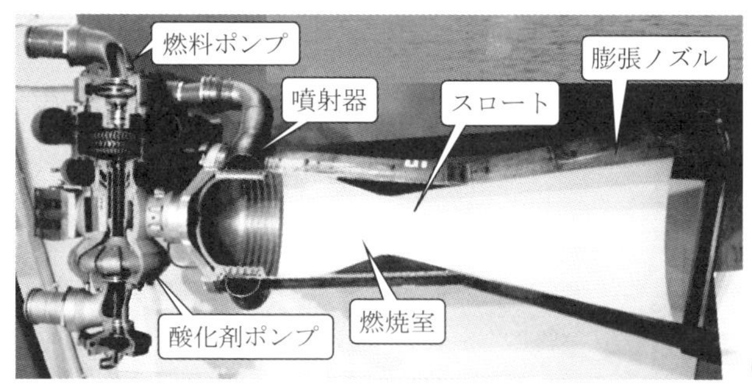

(出口径～0.99 m)

図 9.1　ヨーロッパの Viking エンジン（初期型）実物カットモデル（半割内部）

図 9.1 に示したエンジンのように，燃焼室と膨張ノズルを一体で設計・製造する例もありますが，圧力や温度，したがって冷却要求が上下流でかなり異なるため，通常はスロート直下流で分割製造して組み立てます．噴射器も，特段に精密な加工を要することから，別部品として加工・製造し，ボルト結合することが一般的です．周辺機器装備のビフォー・アフターを図 9.2（ヨーロッパの Vulcain エンジン）に示します．

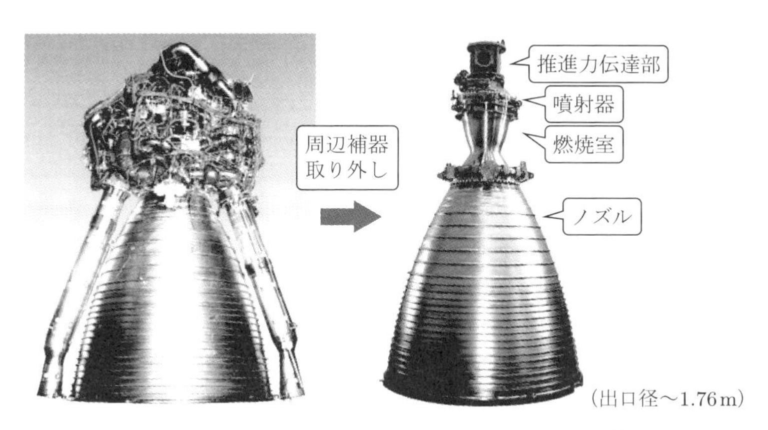

図 9.2　ヨーロッパの Vulcain エンジン艤装の前後[16)]

9.1　噴射器 ―酸素と水素がご対面―

噴射器の役割は，燃焼ガスを噴射（eject or exhaust）することではなく，その前段階において，ターボポンプから供給される未然の燃料と酸化剤それぞれを燃焼室内に噴射（inject）することです．噴射された燃料と酸化剤は速やかに霧化・気化・混合・反応し，燃焼室内に高圧高温燃焼ガスを生成します．噴射器は，噴射面板（face plate），燃料ドーム，酸化剤ドーム，および各ドームから噴射面板を貫通して燃焼室に至る多数の噴射エレメント（あるいは噴射孔）から構成されます．噴射器は，衝突型と同軸型の 2 種類に分類されますが，まず，前者の断面模式図を図 9.3 に，実物写真を図 9.4 に示します．

衝突型噴射器は，噴射しただけでは混合しにくいケロシン（灯油）と液体酸素など，液体どうしの推進薬組合せに対して用いられます．噴射孔に角度をつけ，液流が相互に衝突して混合・霧化を促進します．図に示したアメリカの F-1 エンジンでは 3,000 個近い噴射孔が設けられていますが，大型ゆえに均一で円滑な燃焼が難しく，開発の初期，激しい燃焼振動を起こしたことで知られています．

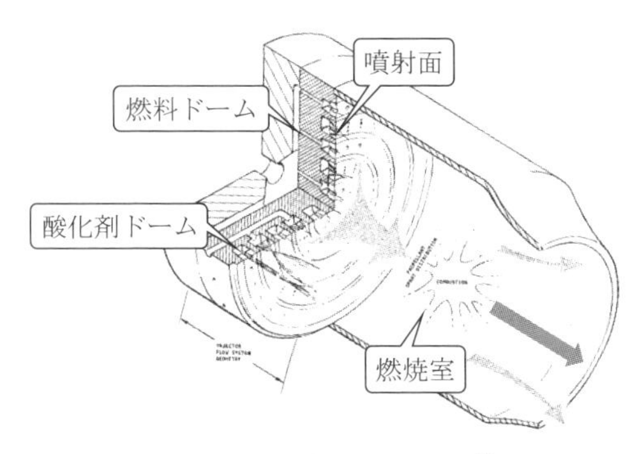

図 9.3　衝突型噴射機の断面模式図[8) ©NASA

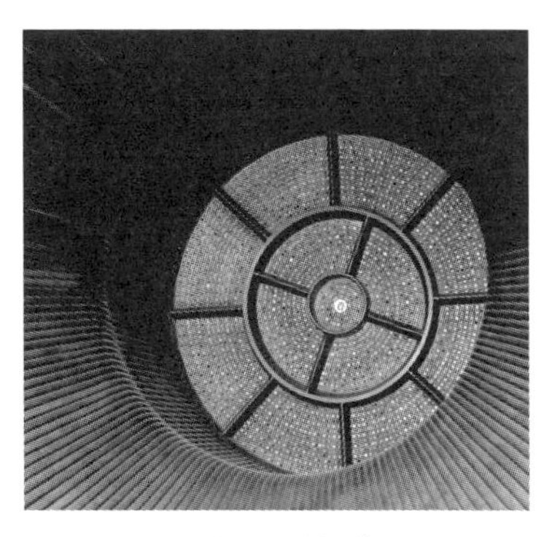

図 9.4　衝突型噴射機 ©NASA

一方，同軸型噴射器は，ガス水素と液体酸素など，ガスと液体の組合せに対して用いられます．図 9.5 に示したアメリカの J-2 エンジンでは 600 本を超える噴射エレメントを設けていますが，それぞれは二重管からなっており，中心部を液体酸素，それを取り巻くように，ガス状態の水素が同一方向に噴射されます．そのままでは混合しにくいように思われますが，ガスと液体の場合，密度差のために噴射速度が大きく異なり，その速度差によって混合が促進されます．8.4 節に示したとおり，液体水素の場合，まず燃焼室の冷却に使われますが，噴射器にたどり着いたときに十分温度上昇し，ガス化していることが必要条件となります．

図 9.6 には，同軸噴射器と燃焼室の結合状態（ヨーロッパの Vulcain エンジン実物カットモデル）を示しました．多くの噴射器同様，中央部に点火器を配置しています．

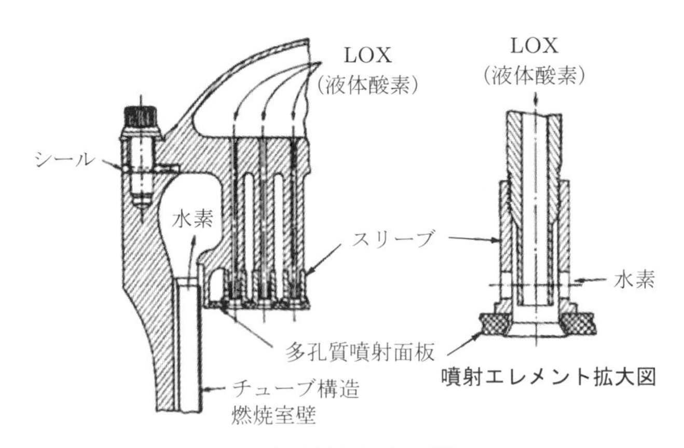

図 9.5　同軸型噴射器の断面[55) ©NASA

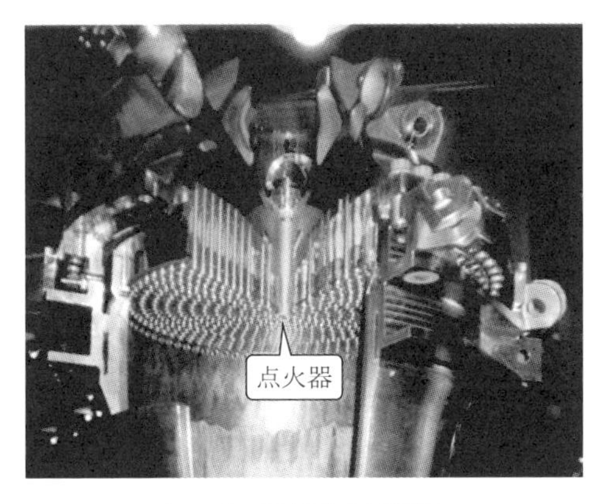

図 9.6 同軸型噴射器[45)]

いずれの噴射器にせよ，出来が悪いと期待どおりに燃焼が進まず，とくに水素・酸素のように燃料過多の混合比を用いる場合，酸化剤側に未燃成分が残ると，著しく性能を落とすことになります．燃焼が進めば，圧力や温度が上昇するため，その指標には，C^*（特性排気速度：C star）が使われます．

$$\text{特性排気速度}\ C^* = P_c \times \frac{A_t}{\dot{w}}$$

P_c ：燃焼圧力[N/m^2]

A_t ：スロート断面積[m^2]

$\dot{w}$ ：推進薬流量[kg/s]

速度の次元をもつ C^* の物理的意味はなかなか説明しにくいのですが，つぎのように考えることができます．燃えている状態で実測できる物理量は，燃焼圧力（P_c）以外にないのが実情です．3,000 K を超える温度を実測することも，その中で流速を測定することも実際上困難です．そこで，到達 P_c で燃焼促進の程度を代表させ，C^* として表しています．したがって，C^* は速度の単位ではあるものの，燃焼室平行部の流速，スロート部の流速，どちらにも一致しません．

さて，出来上がった噴射器を燃焼室に結合して燃やしてみたところ，期待の C^* に達しないという事態は，実はよくあります．そんなときには，燃焼室を延長するなど，なんとかそのなかで燃焼が完結するよう対策せねばなりません．仮に性能は回復しても，結局，質量・サイズとも思惑外にかさむことになり，噴射器設計の出来映えは全体性能に大きく影響します．亜臨界圧力下では，酸素の蒸発過程が反応を支配しがちで，設計上の留意が必要です．

一方で，よく燃えさえすれば，それでよいということにもなりません．想定した位置で，安定かつ均一に燃えてくれなければ，事故に直結します．なにかの拍子に火炎が暴れ，不慮の局部的高温（hot spot）が発生すると，瞬時に周辺部品は溶融します．火炎に直面する噴射面板（face plate）は，多くの場合，多孔質焼結金属を用いて全面冷却していますが，それでも局部溶融はいまだに起こりがちで，気を許せません．

また，回避すべき不安定現象に，燃焼振動があげられます．燃焼室内に圧力分布が偏在すると，それを種に燃焼ガスの気柱共振現象が発生します．共振周波数にもよりますが，多くは破壊的でつんざくような金切音がしたとたんに，燃焼室内部が溶融し果てたなどの事故事例が記録されています．高周波燃焼振動の原因の多くは噴射器設計に起因しており，前述したアメリカのF-1エンジンでは，異なった噴射器を30通り以上も比較して対策したと伝えられています．

燃焼現象の宿命でもあるのですが，直接観察することは多くの場合困難です．そのため，噴射器の設計手法も一般化は難しく，いまだに試行錯誤を要します．昨今では，燃焼可視化実験，また化学的素反応まで組み込んだ解析シミュレーションも行われるようになってきました．今後の進展に期待したいところです．

9.2　燃焼室 ―過大熱応力で，裂けるのは時間の問題―

図9.1に示したように，燃焼室は，眺める限り，中央部のすぼまった（鼓型）円筒形ですが，そのスロート直上流部は，エンジン中もっとも熱負荷が高く，どうしても材料の降伏応力を超える設計領域に踏み込んでしまいます．したがって，ロケットエンジンの寿命は，ほぼ燃焼室の寿命ということになります．

外形を見ると，スロート上流には，平行部（等断面円筒部）が設けられています．性能確保上，噴射面からスロートに至るまでに燃焼を完結させる必要があり，必要な反応時間や距離から平行部の長さを決定します．また，スロート下流では，流路を拡大させ，燃焼ガスを膨張・加速させますが，膨張比（スロート部基準の断面積比）10程度にもなれば，ガス温度も2,000 K以下に低下し，熱負荷も低減するため，このあたりで軽量化チューブ構造冷却ノズルにつなぐ設計が一般的です．

さて，問題となる冷却方法ですが，燃焼開始前の推進薬を噴射しているため，噴射器は自ら冷却できています．また，噴射して反応・発熱するまでには，必ず時間遅れがあり，火炎まで距離を維持できます．一方，燃焼室側壁は，最高温度の火炎に直接曝されることになり，強制的な冷却なしにはどんな金属も耐えられません．そのために，燃焼室壁は全面二重壁（内筒および外筒）で構成されており，その壁間隙に冷媒（一般に，液体水素などの燃料）を通して冷却されます．内壁最内周まで十分に冷やすためには，内壁の厚さを極小に抑え（加工上，0.7～1.0 mm が下限界），かつ熱を冷媒側に速やかに逃がすため，材料には熱をよく通す（高熱伝導度）銅合金が用いられます．問題は，銅材料の強度が低いことです．銀やジルコニウムなどを含有した専

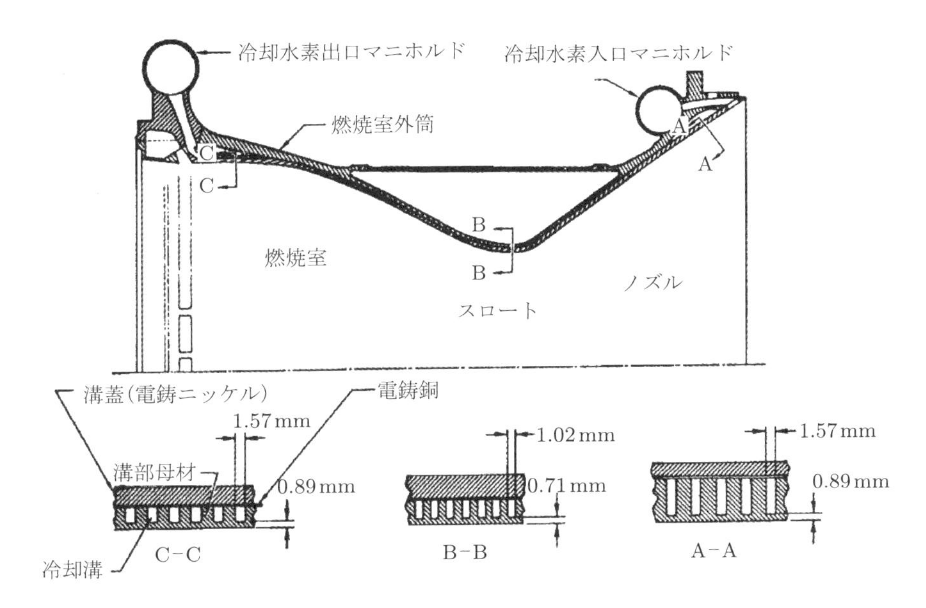

（a）断面図[8)]

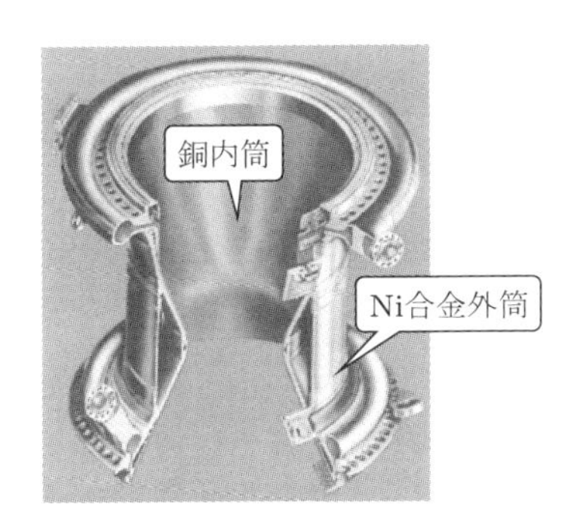

（b）実体図[19)]

図 9.7　アメリカの SSME 燃焼室 ©NASA

用の銅合金（NARloy-Z など）を用いるほか，燃焼内圧に耐えるためには，高強度・厚肉の Ni 合金の外筒を密着して被せる構造を採用することが一般的です．図 9.7 に，典型的な燃焼室としてアメリカの SSME の断面図，および実体図を示します．

冷却溝は，全周にわたりできるだけ密に彫り込み，かつ均一であることが必須で，偏在は許されません．軟らかく変形しやすい銅合金内筒の外周から，高精度に彫り込んでいきます．スロート部では，溝の幅は 0.5～0.6 mm までも細かくなり，加工精度に 10 μm を要求する例もあります．小型燃焼室の内筒冷却溝加工状況を図 9.8 に示します．後工程で，二分割外筒を被せ，内筒と外筒間を密着させて接合します．

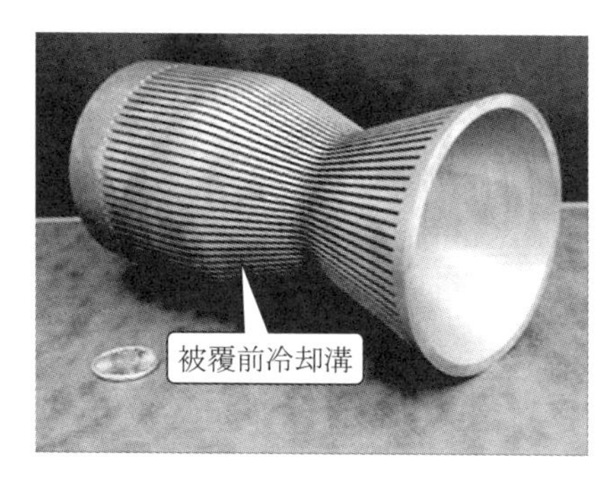

図 9.8　冷却溝の加工状況[54]　©NASA

このように厳重に冷却しても，数十回燃焼するうちには，最内周の冷却壁に割れが入り，内側に口を開いて寿命が尽きます．長く燃やす間に，変形（歪）を蓄積していくという事情もあるのですが，それ以上に，着火・燃焼停止の繰返しによる熱応力の変動が極端に大きいことが原因です．着火直前には，全体が冷却溝中の液体水素により冷え切っていますが，着火の瞬間，内周壁の表面のみ急過熱を受け，熱膨張します．周りが縮み上がっているなかでの局部膨張ですから，表面には大きな圧縮応力（抑え込まれる）が発生します．逆に，停止時には，周りが温度上昇しきって膨れ上がってるなかで，突然冷たい水素ガスに曝される表面だけが収縮しようという話ですから，今度は大きな引張応力を受けることになります．この応力サイクルの振幅は尋常ならず，繰り返すうちに変形を蓄積し，数十回のうちには割れを発生します．と同時に，冷却溝中の流体圧力で中心側に押し出され，ついには裂け目を開くことになります．図 9.9 に，損傷した冷却壁断面を示します．熱の通りにくいガラス板の片面だけを急冷，あるいは急過熱すると簡単に割れてしまうことはよく知られていますが，基本的に同様の現象です．

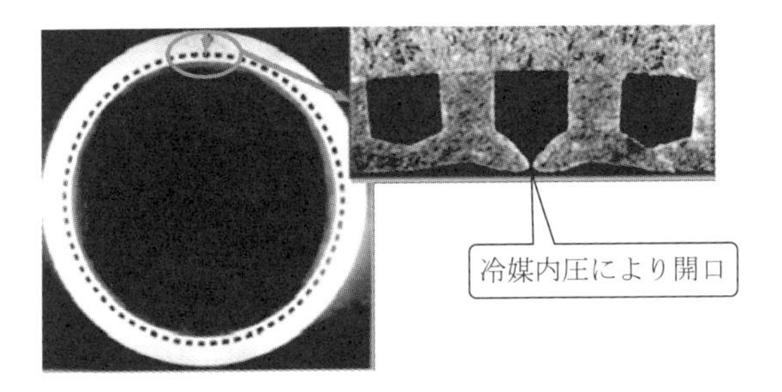

図 9.9 燃焼室損傷モード ©NASA

9.3 膨張ノズル —別名ノズルスカート，まさに芸術品—

燃焼ガスは燃焼室スロートで音速（大気中の音速はおよそ 340 m/s ですが，高温燃焼ガス中の音速は 1,500 m/s 程度にも上昇します）を超えた後，ノズル内壁に沿って膨張し，さらに加速されます．そして，ノズルの出口では，全量が同一方向の速度成分をもって排気されることが理想です．このためには，スロート直下流のノズル膨張頂半角（divergent cone half-angle：α）を抑えて，できるだけ緩慢かつ滑らかに膨張させればよいのですが，それではノズル全長に際限がなくなり，摩擦損失もノズル質量もかさむことになります．教科書上，α は 18° 程度に抑えることが推奨されていますが，ノズル全長を短縮するために，30° 近い初期膨張角を用いる例も見られます．膨張初期形状とノズル出口膨張比が決まると，壁面形状やノズルの全長は，流れに合わせてほぼ自動的に決まります．

膨張するに従いガス温度も低下しますが，ノズル膨張比 100 程度では，まだ 1,000 K を下らず（平衡流計算），燃焼室ほどの高熱負荷ではないにしても，冷却は欠かせません．そのため，膨張ノズルは，冷却チューブを数百本も束ねた形状で構成されており，チューブどうしの接合にはロウ接を用いることが一般的です．

図 9.10 に，螺旋状に冷却チューブ（等断面）を組み立てるヨーロッパのエンジンの製造例を示しました．チューブの材質は強度上，銅合金ではなくステンレスなどで，その肉厚は 0.3 mm 程度に抑えられ，軽量化を図っています．外周に金属バンドを締めて補強し，冷却流体の入口と出口にマニホルド（分岐・集合管）を溶接して完成します．不等断面チューブを隙間なく釣鐘型に組み上げ，ロウ接合する製造工程では職人技を要し，まさに芸術作品といえます．エンジン構成部品としてはもっとも大柄ですが，数人でもち上がる程度の質量に抑えられており，触れるとペコペコではないにしろ，ガランガランという音に軽量を実感させられます．

図 9.10　ヨーロッパの Vulcain エンジンのノズル製造方法 ©EADS Astrium

9.4 理論燃焼特性 ―いまや，理論解析ツールはWEB上に公開されている―

燃焼器個別の特性や性能を把握するには，そのものを用いて実際に燃焼実験を行うことが必須です．推進薬流量や燃焼圧力，推進力を実測したうえ，間接的に比推力 I_{sp}，また特性排気速度 C^* やノズル推力係数 C_f を算出するしかありません．一方，過不足なく燃焼反応が進行した場合の理論特性や燃焼ガス物性は，あらかじめ解析予測することが可能です．推進薬の組合せや混合比，初期条件（温度）などを与え，燃焼圧力を仮定すれば，その化学反応式，反応定数に基づいて，燃焼到達温度（断熱火炎温度）や燃焼ガス組成が求まります．燃焼ガスの素性さえわかれば，スロートから先の，膨張による圧力，温度，流速の変化は，流体力学的に算定可能です．ここまでは，根性さえあれば，手計算でも追いつけます．

一方，1960 年代には NASA が理論計算プログラムのソースコードを技術ノート TN-D1454 として公開しており，わが国の初期設計や比較検証においてもおおいに役立てられました．30 種類以上の推進薬，およびその組合せを自由に選択でき，混合比や燃焼圧力，ノズル膨張比を変数に，広範に推進性能を算出することが可能です．30 年前の LE-5 エンジン開発当時には，中規模クラス以上の電算機システムが必須でしたが，いまや Windows 上で動くプログラム「CEA」が，NASA グレン研究センターの WEB ページからダウンロードでき，それこそノートパソコンでも演算可能です．

アイデアの赴くまま，想像のエンジンを自由に設計し，運転することができます．さらに，初期条件に微小変位を与えれば，その変数が最終性能にどのように影響するか，また周辺感度を即時に体感・比較できます．ぜひ，試してみてください．

CEA (chemical equilibrium with applications)

https://www.grc.nasa.gov/WWW/CEAWeb/ceaHome.htm

図 9.11，9.12 に，液体酸素と水素を推進薬に，混合比 O/F = 5.0，燃焼圧力 $P_c = 5$ MPa を仮定した理論計算結果例を示しました．横軸には，ノズル膨張比 A_e/A_t を変数に，その位置における圧力・温度・密度・流速など状態量がリスト化されています．2 通りの解析結果を示しますが，図 9.11 は平衡流解析例で，スロート下流で平衡反応（化学的解離・再結合など）の継続することを前提としており，ゆえに化学組成の変遷を併せてリストの下部に示しています．一方，図 9.12 は凍結流解析例を示しており，

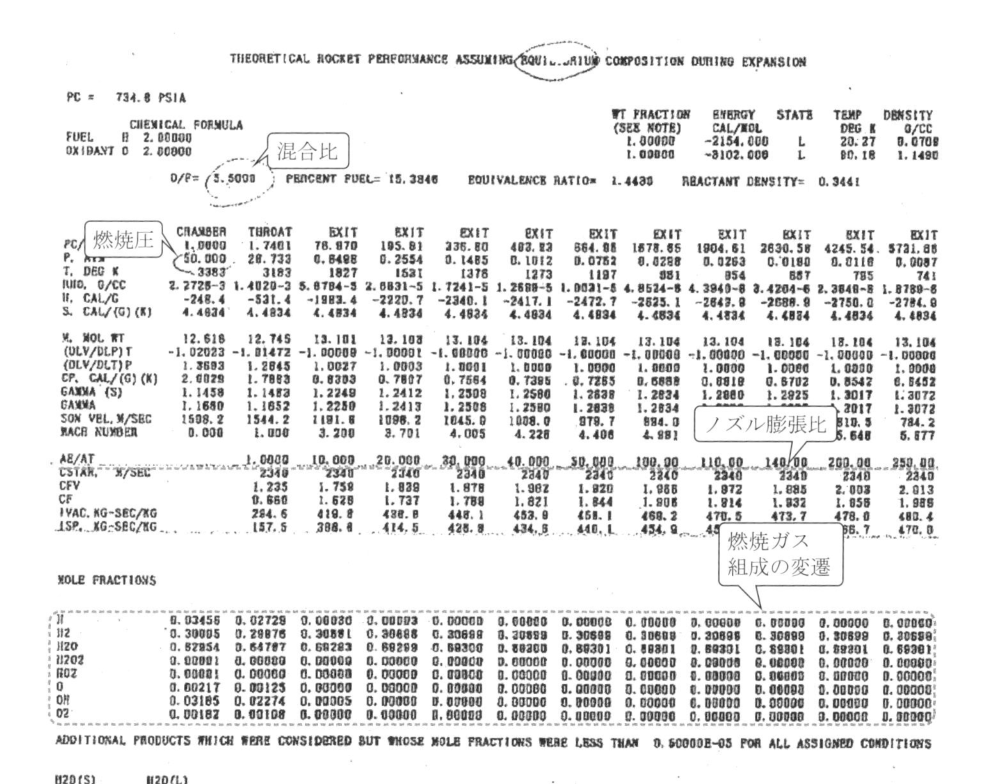

THEORETICAL ROCKET PERFORMANCE ASSUMING EQUI[illegible]RIUM COMPOSITION DURING EXPANSION

PC = 734.8 PSIA

CHEMICAL FORMULA		WT FRACTION (SEE NOTE)	ENERGY CAL/MOL	STATE	TEMP DEG K	DENSITY G/CC
FUEL	H 2.00000	1.00000	-2154.000	L	20.27	0.0708
OXIDANT	O 2.00000	1.00000	-3102.000	L	90.18	1.1490

O/F= 5.5000　PERCENT FUEL= 15.3846　EQUIVALENCE RATIO= 1.4430　REACTANT DENSITY= 0.3441

	CHAMBER	THROAT	EXIT	EXIT	EXIT	EXIT	EXIT	EXIT	EXIT	EXIT	EXIT	EXIT
PC/[illegible]	1.0000	1.7401	76.870	195.81	336.80	493.23	664.86	1678.65	1904.61	2630.58	4245.54	5731.88
P, [illegible]	50.000	28.733	0.6498	0.2554	0.1485	0.1012	0.0752	0.0298	0.0263	0.0190	0.0118	0.0087
T, DEG K	3383	3183	1827	1531	1376	1273	1197	981	954	887	785	741
RHO, G/CC	2.2726-3	1.4020-3	5.8784-5	2.6831-5	1.7241-5	1.2688-5	1.0031-5	4.8524-6	4.3940-6	3.4204-6	2.3848-6	1.8780-6
H, CAL/G	-248.4	-531.4	-1983.4	-2220.7	-2340.1	-2417.1	-2472.7	-2625.1	-2643.8	-2688.9	-2750.0	-2784.9
S, CAL/(G)(K)	4.4834	4.4834	4.4834	4.4834	4.4834	4.4834	4.4834	4.4834	4.4834	4.4834	4.4834	4.4834
M, MOL WT	12.618	12.745	13.101	13.103	13.104	13.104	13.104	13.104	13.104	13.104	13.104	13.104
(DLV/DLP)T	-1.02023	-1.01472	-1.00009	-1.00001	-1.00000	-1.00000	-1.00000	-1.00000	-1.00000	-1.00000	-1.00000	-1.00000
(DLV/DLT)P	1.3693	1.2645	1.0027	1.0003	1.0001	1.0000	1.0000	1.0000	1.0000	1.0000	1.0000	1.0000
CP, CAL/(G)(K)	2.0029	1.7883	0.8303	0.7807	0.7564	0.7395	0.7265	0.6888	0.6818	0.6702	0.6542	0.6452
GAMMA (S)	1.1458	1.1483	1.2249	1.2412	1.2508	1.2580	1.2638	1.2834	1.2860	1.2925	1.3017	1.3072
GAMMA	1.1680	1.1652	1.2250	1.2413	1.2508	1.2580	1.2638	1.2834	[illegible]	[illegible]	[illegible]	1.3072
SON VEL, M/SEC	1508.2	1544.2	1191.6	1096.2	1045.0	1008.0	979.7	884.0	[illegible]	[illegible]	810.5	784.2
MACH NUMBER	0.000	1.000	3.200	3.701	4.005	4.228	4.406	4.981	[illegible]	[illegible]	5.648	5.877
AE/AT		1.0000	10.000	20.000	30.000	40.000	50.000	100.00	110.00	140.00	200.00	250.00
CSTAR, M/SEC		2340	2340	2340	2340	2340	2340	2340	2340	2340	2340	2340
CFV		1.235	1.759	1.839	1.878	1.902	1.920	1.966	1.972	1.985	2.003	2.013
CF		0.660	1.628	1.737	1.789	1.821	1.844	1.906	1.914	1.932	1.956	1.969
IVAC, KG-SEC/KG		294.6	419.8	438.8	448.1	453.9	458.1	469.2	470.5	473.7	478.0	480.4
ISP, KG-SEC/KG		157.5	388.4	414.5	426.8	434.6	440.1	454.9	[illegible]	[illegible]	[illegible]	470.0

MOLE FRACTIONS

H	0.03456	0.02729	0.00030	0.00003	0.00000	0.00000	0.00000	0.00000	0.00000	0.00000	0.00000	0.00000
H2	0.30005	0.29876	0.30881	0.30688	0.30698	0.30699	0.30698	0.30699	0.30698	0.30699	0.30699	0.30698
H2O	0.62954	0.64787	0.69283	0.69299	0.69300	0.69300	0.69301	0.69301	0.69301	0.69301	0.69301	0.69301
H2O2	0.00001	0.00000	0.00000	0.00000	0.00000	0.00000	0.00000	0.00000	0.00000	0.00000	0.00000	0.00000
HO2	0.00001	0.00000	0.00000	0.00000	0.00000	0.00000	0.00000	0.00000	0.00000	0.00000	0.00000	0.00000
O	0.00217	0.00125	0.00000	0.00000	0.00000	0.00000	0.00000	0.00000	0.00000	0.00000	0.00000	0.00000
OH	0.03185	0.02274	0.00005	0.00000	0.00000	0.00000	0.00000	0.00000	0.00000	0.00000	0.00000	0.00000
O2	0.00182	0.00108	0.00000	0.00000	0.00000	0.00000	0.00000	0.00000	0.00000	0.00000	0.00000	0.00000

ADDITIONAL PRODUCTS WHICH WERE CONSIDERED BUT WHOSE MOLE FRACTIONS WERE LESS THAN 0.50000E-05 FOR ALL ASSIGNED CONDITIONS

H2O(S)　H2O(L)

NOTE. WEIGHT FRACTION OF FUEL IN TOTAL FUELS AND OF OXIDANT IN TOTAL OXIDANTS

図 9.11　平衡流計算例（NASA TN-D-1454 に基づき計算）

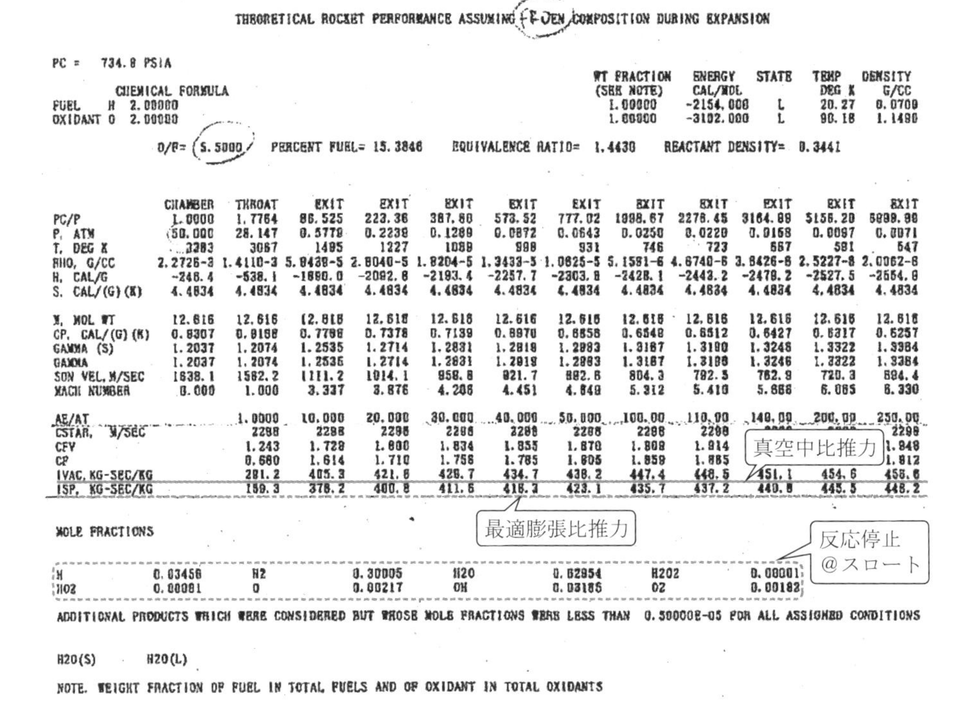

THEORETICAL ROCKET PERFORMANCE ASSUMING FROZEN COMPOSITION DURING EXPANSION

PC = 734.8 PSIA

	CHEMICAL FORMULA	WT FRACTION (SEE NOTE)	ENERGY CAL/MOL	STATE	TEMP DEG K	DENSITY G/CC
FUEL	H 2.00000	1.00000	-2154.000	L	20.27	0.0709
OXIDANT	O 2.00000	1.00000	-3102.000	L	90.18	1.1490

O/F= 5.5000　PERCENT FUEL= 15.3846　EQUIVALENCE RATIO= 1.4430　REACTANT DENSITY= 0.3441

	CHAMBER	THROAT	EXIT	EXIT	EXIT	EXIT	EXIT	EXIT	EXIT	EXIT	EXIT	EXIT
PC/P	1.0000	1.7764	86.525	223.36	387.80	573.52	777.02	1998.67	2276.45	3164.89	5156.20	5899.90
P, ATM	50.000	28.147	0.5779	0.2239	0.1289	0.0872	0.0643	0.0250	0.0220	0.0158	0.0097	0.0071
T, DEG K	3383	3067	1495	1227	1089	998	931	746	723	667	591	547
RHO, G/CC	2.2726-3	1.4110-3	5.8439-5	2.8040-5	1.8204-5	1.3433-5	1.0625-5	5.1581-6	4.6740-6	3.8426-6	2.5227-6	2.0062-6
H, CAL/G	-246.4	-538.1	-1890.0	-2092.8	-2193.4	-2257.7	-2303.8	-2428.1	-2443.2	-2478.2	-2527.5	-2554.8
S, CAL/(G)(K)	4.4834	4.4834	4.4834	4.4834	4.4834	4.4834	4.4834	4.4834	4.4834	4.4834	4.4834	4.4834
M, MOL WT	12.616	12.616	12.616	12.616	12.616	12.616	12.616	12.616	12.616	12.616	12.616	12.616
CP, CAL/(G)(K)	0.8307	0.8168	0.7796	0.7378	0.7139	0.6970	0.6858	0.6548	0.6512	0.6427	0.6317	0.6257
GAMMA (S)	1.2037	1.2074	1.2535	1.2714	1.2831	1.2919	1.2983	1.3187	1.3190	1.3248	1.3322	1.3384
GAMMA	1.2037	1.2074	1.2536	1.2714	1.2831	1.2919	1.2983	1.3187	1.3188	1.3246	1.3322	1.3384
SON VEL, M/SEC	1638.1	1562.2	1111.2	1014.1	958.8	921.7	882.6	804.3	792.5	762.9	720.3	694.4
MACH NUMBER	0.000	1.000	3.337	3.876	4.206	4.451	4.649	5.312	5.410	5.666	6.065	6.330
AE/AT		1.0000	10.000	20.000	30.000	40.000	50.000	100.00	110.00	140.00	200.00	250.00
CSTAR, M/SEC		2298	2298	2298	2298	2298	2298	2298	2298	[illegible]	[illegible]	2298
CFV		1.243	1.728	1.800	1.834	1.855	1.870	1.908	1.914	[illegible]	[illegible]	1.948
CF		0.680	1.614	1.710	1.758	1.785	1.805	1.859	1.865	[illegible]	[illegible]	1.912
IVAC, KG-SEC/KG		281.2	405.3	421.6	426.7	434.7	438.2	447.4	448.5	451.1	454.6	456.6
ISP, KG-SEC/KG		159.3	378.2	400.8	411.6	416.3	423.1	435.7	437.2	440.8	445.5	448.2

MOLE FRACTIONS

H	0.03456	H2	0.30005	H2O	0.62954	H2O2	0.00001
HO2	0.00081	O	0.00217	OH	0.03185	O2	0.00182

ADDITIONAL PRODUCTS WHICH WERE CONSIDERED BUT WHOSE MOLE FRACTIONS WERE LESS THAN 0.50000E-05 FOR ALL ASSIGNED CONDITIONS

H2O(S)　H2O(L)

NOTE. WEIGHT FRACTION OF FUEL IN TOTAL FUELS AND OF OXIDANT IN TOTAL OXIDANTS

図 9.12　凍結流計算例（NASA TN-D-1454 に基づき計算）

スロート下流で，化学反応の停止（凍結）することが前提となっています（したがって，スロート下流では，化学組成は一定）．比較すると，明らかに推進性能は，平衡流＞凍結流で，一般に実験による真値は，両者の間に存在することが知られています．したがって，初期設計においては，安全側に性能低目を予測する凍結流解析値を用いることが一般的です．

なお，この理論計算は，燃焼器単独の性能を対象としています．ターボポンプなどを含めたエンジンシステム全体の推進性能については，タービン駆動に要する無効推進薬割合（8.4 節参照）などを考慮することが必要です．さらに，スロート断面積などハードウェアのサイズを与えなければ推進力の絶対値は求まりません．

コラム 5 目に見えるノズルの性能

図 9.13 をご覧ください．スケールを合わせて，エンジン 2 台のそっくりさんを示しました．左は，アメリカから技術導入し，N/H-I ロケットに用いた MB-3 block Ⅲ エンジンです．右は，当時アメリカがデルタロケットに実用していた新鋭 RS-27A エンジンです．違いがおわかりでしょうか？

比推力で 17 秒（6%）の差がついています．その原因は，8 → 12 と拡大されたノズル膨張比にあります．火炎のコンター（包絡線：矢印）に注目下さい．図 (a) の MB-3 では，ノズル出口からさらに外側に火炎が膨らんでいることがわかります．つまり，膨張不足なのです．一方，図 (b) RS-27A では，ノズル外形の延長に火炎が伸びており，ほぼ適正膨張と見えます．

駆け出し時代，火炎の形から，このエンジンはもっと性能が出るはずなので，ノズル膨張比を拡大してはどうかと提案しました．技術導入したエンジンに勝手な改良などできるはずもないことに当時は考えが至りませんでした．その後，LE-7 エンジンでは，適正膨張を超えて，海面上剥離限界までノズルを拡大し，真空中性能を稼いでいることは，本文のとおりです．

MB-3 性能諸元 → RS-27A

用途：H-Ⅰロケット 1 段主エンジン
推進薬：液体酸素/RP-1
推力：760 kN
比推力：285 秒 → 302 秒
ノズル開口比：8 → 12

(a) MB-3 block III エンジン ©JAXA　　(b) RS-27A エンジン ©Boeing

図 9.13 目に見えるノズルの性能

第10章 ターボポンプを設計する —ロケットエンジンの心臓—

第7章の冒頭にいきなり事故の様子を示しましたが，ターボポンプは，ロケットエンジンの主役とはいえません．派手に火炎を噴き出すのは燃焼装置で，ターボポンプはどうかすると，複雑な配管類，大型バルブの背景に埋もれてしまいます．自動車や航空機でも，燃料ポンプは必ずついていますが，補助装置扱いで，在りかを知っている人のほうが珍しいでしょう．とはいえ，燃料ポンプの役割は，動力発生装置に不可欠な燃料を，適量・適切なタイミングで送り込むことです．当然ながら，なくしては一瞬もエンジンの動作を維持できません．とくに，ロケットエンジンは，高圧力で燃え，大喰らいであるところから，半端なポンプでは間に合いません．LE-7エンジンの水素ターボポンプを例にとると，毎秒550リットル（ドラム缶3本弱）の液体水素を0.2 MPaから30 MPaまで昇圧して送り出す能力が要求され，その必要駆動パワーは，図7.4に示したとおりおよそ24,000馬力（= 18 MW）で，およそ新幹線一編成分の動力に匹敵します．実際，ロケットエンジンの定常運転中，一瞬の休みもなく高速機械運動を継続しているのはターボポンプだけで，それだけに開発中のトラブルも多発しました．ターボポンプはロケットエンジンの心臓にあたり，しかも，酸素用と水素用の「ふたつの心臓」が不可欠なのです．

10.1 ポンプ（昇圧装置） —回転流れを圧力に変える変換器—

以下ではロケット用ポンプについて説明します．

世の中では，さまざまな昇圧装置が実用化されています．一般に，気体を圧縮する装置をコンプレッサとよび，液体向けにはポンプと区別しています．実際，水鉄砲，自転車の空気入れ，洗濯用ポンプ，もちろん人間の心臓も同類です．心臓のように間欠動作するものと，連続動作するものがありますが，ロケットエンジン用が後者であることはいうまでもありません．

基本的な役割は，必要な吐出し圧力や流量を満たしたうえ，安定かつ確実に動作することです．詳細解説は流体機械の教科書にゆずりますが，圧力と流量の相対関係によって，望ましいポンプの原理や構造が変わります．図10.1に，ポンプの形式と対

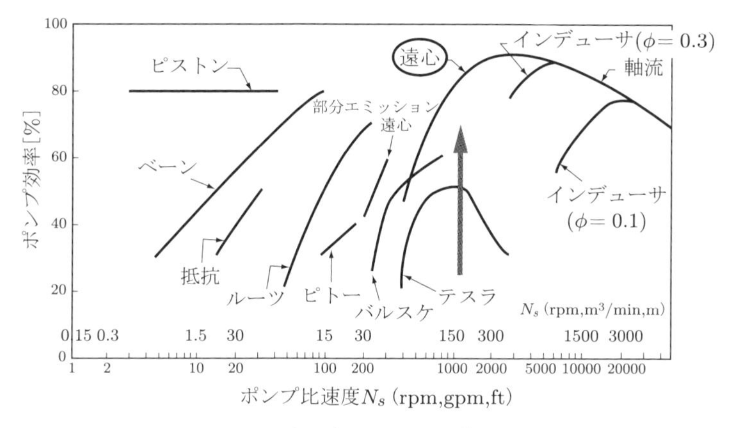

図 10.1　ポンプ比速度と効率[8)] ©NASA

応するポンプ効率の関係を示します．横軸には，ポンプ比速度（N_s：pump specific speed）をとっています．数字を追う必要はありませんが，なにがどう効率に効くのか，関係をご確認ください．なお，図は，あくまで典型例を示しており，実際の性能は，複数の実機を試作の後，実運転を行って統計的に検証するしかないことをつけ加えておきます．

$$\text{ポンプ比速度 } N_s = N\ [\text{rpm}] \times \frac{(Q\ [\text{m}^3/\text{min}])^{1/2}}{(\Delta H\ [\text{m}])^{3/4}}$$

N ：ポンプ回転数[rpm]

Q ：ポンプ毎分流量[m^3/min]

$$\Delta H\ \text{：ポンプ揚程 } [\text{m}] = \frac{\text{吐出差圧 } \Delta P\ [\text{kg/m}^2]}{\text{流体密度 } \rho\ [\text{kg/m}^3]}$$

もちろん，実際の効率は，スケール効果もあり，設計によっても変動しますが，高回転（＝軽量化）・高効率を狙うロケットエンジンの場合，$N_s = 100 \sim 200$ (rpm,m^3/min,m) の領域（図の矢印）を用いることが多く，したがって遠心ポンプが多用されています．

遠心（centrifugal）ポンプは構造が大変シンプルで，家庭内にも応用例は少なくありません．洗濯機へ残り湯を送る風呂ポンプは，そのものですし，気体圧縮用ならば，自動車用ターボチャージャも同類です．扇風機など，送風機は少し形状が異なります．それらは流速と流量のみを必要とし，昇圧する目的はありません．その場合には，定義上 N_s は増大する傾向となり，船舶用スクリューと同様，軸流（axial）タイプが優位となります．つまり，大圧力向けには遠心型，大流量向けには軸流型と，おおよそ適した形状が使い分けられています．

さて，遠心ポンプの基本構成要素は，回転するインペラ（羽根車）と，静止側ディフューザ（圧力回復羽）です．まず前者が流体を誘い込み，回転させて，遠心加速します．ここまでは，洗濯機のロータと大きく違いませんが，ともに昇圧はしていません．昇圧のためには，高流速の流れを，インペラ出口外周に固定配置されたボリュート，あるいはディフューザに導いて減速し，圧力を回復する仕組みが必要です．つまり，回転するインペラで流体に与えた速度エネルギー（$\rho U^2/2$）を，ディフューザで圧力エネルギー（ΔP）に変換して取り返すことが基本原理です．これは，ベルヌーイの原理にほかなりません．ここから，基本的なつぎの関係を見出せます．

ポンプ吐出し差圧 $\Delta P \propto N^2 \ (\propto U^2)$

U ：インペラ出口流速 $\propto$ インペラ周速

同様に，ポンプ流量 Q は，つぎのようにインペラ出口面積（一定）と半径方向流出速度（流速 U に比例）の積となります．

ポンプ流量 $Q \propto N \ (\propto U)$

ポンプ必要パワーは，吐出し差圧と流量の積で表されるため，結局，つぎの関係が成立します．

ポンプ必要パワー $L_p \propto N^3 \ (\propto \Delta P \times Q)$

つまり，ほかの条件を変えず（流体力学的に「速度三角形相似」ということになります）に，あるポンプの回転数を2倍にすると，流量は2倍，吐出し圧力は4倍，必要駆動パワーは8倍となります．

ところで，高圧エンジンでは，圧力が増加する分，必然的に N_s は低下し，すると連動して効率も低下傾向となります．高回転化してカバーするにも材料強度上の限界があり，多くはポンプを多段化して，単段あたりの吐出し圧力を段数分の1に低減する設計が行われます．逆に，相対的に流量が多すぎて N_s が過大となる場合には，流量を二分割して，パラレルに昇圧する工夫も行われています．多段ポンプ，両吸込みポンプ（パラレルポンプ）の例として，アメリカ SSME の HPFTP（high pressure fuel turbopump），HPOTP（high pressure oxidizer turbopump）を図10.2に示します．

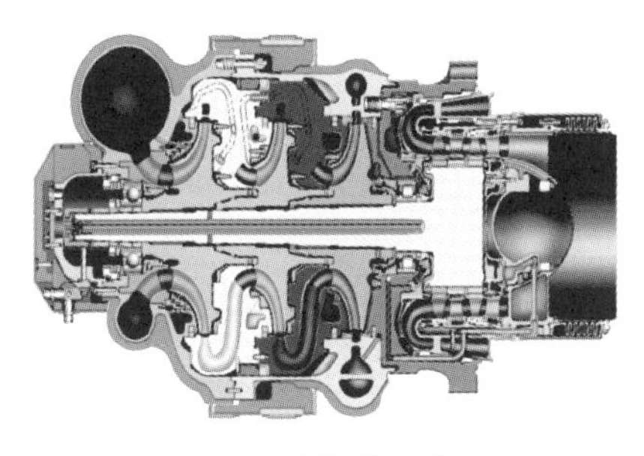

（a）多段ポンプ

（b）パラレルポンプ

図 10.2　SSME のターボポンプ[20] ©NASA

10.2 タービン ―高さ数 cm の翼 1 枚が，数百馬力を発生する―

高圧大流量ポンプを駆動するためには，動力源が必要です．ロケット機体上で使える相応のエネルギー源は，燃焼ガスか，冷却後の吸熱ガスに限られますが，機械的運動に変換するためには，これらの熱ガスを整流して噴射し，ポンプに連結したタービンを回転駆動する方法が常套です．以下に，ポンプ必要パワー，タービン発生パワーを示します．これらは当然ながら，エンジンの定常運転時，釣り合わなければなりません．あるいは，意図的に釣り合いを崩すことによって，動作点を変更し，推進力を制御することも可能となります．

$$\text{ポンプ必要パワー } L_p\ [\mathrm{W}] = \frac{Q\ [\mathrm{m^3/s}] \times \Delta P\ [\mathrm{kg/m^2}] \times g\ [\mathrm{m/s^2}]}{\eta_p}$$

η_p ：ポンプ効率

$$\text{タービン発生パワー } L_t\ [\mathrm{W}] = C_p \times T_b \times m_t \times \eta_t \left\{1 - (P_2/P_1)^{(\gamma-1)/\gamma}\right\}$$

C_p ：定圧比熱 [J/kg·K]

γ ：比熱比

T_b ：タービン駆動ガス温度 [K]

m_t ：タービン駆動ガス流量 [kg/s]

η_t ：タービン効率

P_2/P_1 ：タービン出口/入口圧力比

難しく計算させる意図は毛頭ありませんが，設計上，どの変数が効くのか，把握しておく必要があります．定圧比熱 C_p および比熱比 γ は物性値で，推進薬を選んだ時点でおおよそ決まってしまいます．また，タービン駆動ガス温度 T_b は，タービン材料の熱的制約から 1,000 K あたりが上限で，すると設計上，タービン駆動ガス流量 m_t，タービン効率 η_t，そしてタービン圧力比 P_2/P_1 が有意な3変数で，このうちどの変数にどう頑張らせるかが，設計者の腕の見せどころということになります．

ここで第8章のエンジンサイクルを思い出してください．まず，開サイクルの場合，タービンを駆動した後，駆動ガスは廃棄され，推進力発生に寄与しません．したがって，駆動ガス流量 m_t は極力節約・低減する必要があります．その代わり，どのみち廃棄するからには，徹底的に膨張させ，タービン圧力比 P_2/P_1 でパワーを稼ぐことが合理的です．たとえば，酸素・水素燃焼ガスを圧力で1/5程度に膨張させると，その流速は 2,000 m/s を超え，超音速領域となります．ここで，タービン効率の一般式，および実験データ（図10.3）を示します．タービン効率は，タービン速度比 (U/C_0) の二次回帰式で整理できることが知られています．

$$\eta_t = a\left(\frac{U}{C_0}\right)^2 + b\left(\frac{U}{C_0}\right) + c$$

U ：タービン（PCD）周速 [m/s]

PCD ：ピッチ円径 [m]

C_0 ：タービンガス噴射流速[m/s]

a, b, c ：回帰係数（形式ごとに，実験的に決まる定数）

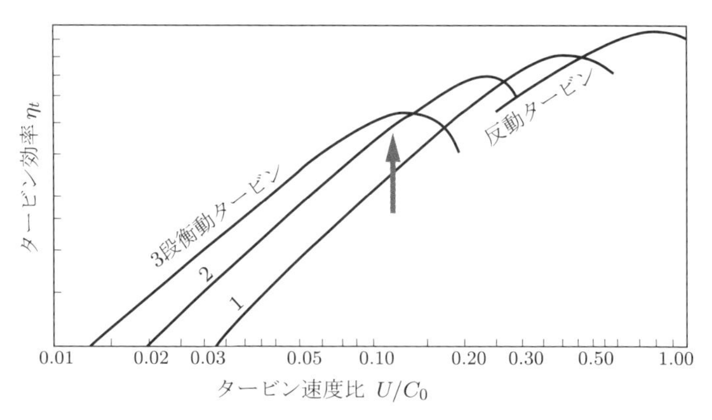

図10.3　タービン形式と効率[8)] ©NASA

ポンプと同様，図 10.3 はあくまで代表例を示しており，実際の性能は，複数の実機を試作の後，実運転を行って統計的に回帰係数を獲得するしかないことをつけ加えておきます．

タービン周速 U は，タービンガス温度にもよりますが，500 m/s 程度が材料的に上限です．安全側には，$U/C_0 = 0.1 \sim 0.2$ の設計領域（図の矢印）となり，タービン効率 η_t を確保するためには，2〜3 段衝動タービンを用いるなど，複雑で重い構造のタービンが必要となります．結局，総合的に得失を考えると，噴射速度をむやみに上げないよう，二つのタービンを直列に配置する（圧力複式タイプ）などの工夫が必要となります．

一方，閉サイクルの場合，駆動ガス m_t は，タービンを駆動した後，主燃焼室に供給され，再燃焼して推進力の発生に寄与するため，全量を遠慮なく使えます．ここで，圧力比をどう設計するかが課題です．タービン駆動後の未燃ガスを主燃焼器に送り込むためには，タービン出口圧力 P_2 が，主燃焼圧力 P_c よりかなり高くなくてはなりません（流体は，高圧側から低圧側にしか流れません）．したがって，圧力比で駆動パワーを稼ごうとすると，タービン入口圧力 P_1 が応じて上昇する結果，結局その源泉となるターボポンプ吐出し圧力 P_{df} がそれ以上に跳ね上がり，つれて技術難度が急騰することになります．結局，必要最小に膨張させ，実例として $P_2/P_1 > 0.65$ $(P_1/P_2 < 1.6)$ 程度に抑え込みます．その結果，タービン噴射流速 C_0 が低く抑えられるため，単段の簡素な構造で高い効率を確保できるおまけもつきます．

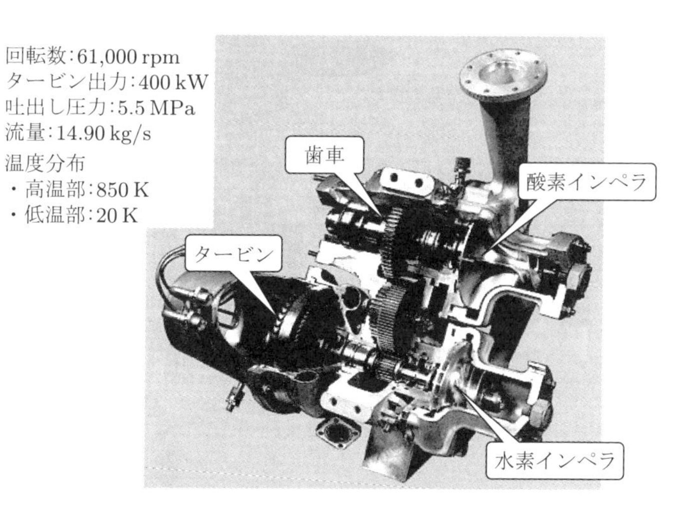

図 10.4　HM-7 エンジンターボポンプ

つまり，開サイクルは流量を抑え圧力比でパワーを稼ぐ，閉サイクルはまったくその逆の概念と理解できます．

図10.4は，ヨーロッパのアリアンロケットに搭載されるHM-7エンジンターボポンプの実物カットモデルですが，インペラ，タービンの立体的形状を確認してください．推進力60 kN級の小型であるため，酸素・水素ポンプをギア結合することが可能で，単一のタービンで両ポンプを駆動していることが見てとれます．

10.3 燃料（水素）ターボポンプ ―室温で回すと，遠心破壊する―

ターボポンプにはさまざまな推進薬を用いますが，回転体としてもっとも難度が高いのは，液体水素用ターボポンプといえます．理由は，吐出し圧力が（$\rho U^2/2$）であることに起因しています．同じ圧力を吐き出すにも，密度 $\rho = 70$ kg/m^3 と，水の1/14にも及ばぬ液体水素では，インペラ出口流速≒周速 U を3.7（$= \sqrt{14}$）倍にも上げてやらねばならないからです．

$$\text{インペラ周速：} U\ [\text{m/s}] = \frac{\pi r N}{60}$$

r ：インペラ半径［m］

N ：ポンプ回転数［rpm］

軽くて強度の高いチタン（Ti）合金（比重～4）を用いたとしても，材料強度上，周速 U は600 m/s以下（@液体水素温度）には抑えたいところです．一方，軽量化のためにはサイズ（半径 r）を切り詰める必要があり，その分，回転数 N を上昇させることになります．実際，周速の上限は環境温度に大きく影響を受け，低温度で材料強度は向上するため，こうして設計した回転体は，液体水素温度環境下でしか定格運転はできません．結果として，単段の液体水素インペラ（チタン合金製）で昇圧できる上限は17 MPa程度となり，それを超える吐出し圧力がほしい場合には，多段化することが必須です．

このほか回転数の選定に関して，インデューサ吸込み限界をあわせて勘案すべきことは，前述しました．LE-7エンジン用水素ターボポンプの断面図，および実物カットモデルを図10.5に示します．低温部の回転体に，比強度の高いチタン（Ti）合金を用いても，1段では吐出し圧力を賄えず，インペラを2段順列に並べる多段構成となっています．

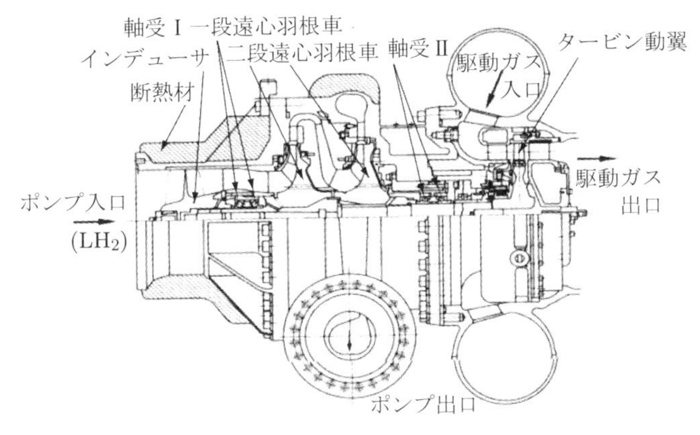

(a) 断面図

(b) 実物カットモデル

図 10.5 LE-7 エンジン用水素ターボポンプ ©JAXA

さて，高速ターボポンプの技術課題は，軸受寿命と軸振動の抑制です．高速運転の間，回転軸（ロータ）は，必ず変形・振動しますが，設計上想定した数百 μm（髪の毛 1 本の太さ程度）の振動振幅の限界を超えると，外周と接触して容易に破壊に至ります．それを回避するためにも，回転軸径（太さ）を拡大して剛性を向上させたいのですが，それでは軽量化を妨げ，さらには軸受内径が連動して拡大し，軸受の設計限界（DN 値）を超えてしまいます．

$$\textbf{DN}\ 値\ (軸受内径\ D\ [\mathrm{mm}] \times 回転数\ N\ [\mathrm{rpm}]) < 200\ 万$$

回転数 $N = 50{,}000$ rpm の場合，軸受内径（＝軸径）の上限は 40 mm となり，比較的細い軸上に，インペラ，タービンなどの重量部品をうまく配置，結合して，変形や振動を抑制することが設計者の腕の見せどころとなります．

さらに，DN 値上限は，軸受が理想的に動作している環境下での限界値です．軸受には潤滑と冷却が不可欠で，潤滑油を用いることが常套ですが，液体水素温度で凍結しない「油」は存在しません．したがって，水素ターボポンプでは，軸受リテーナ（図10.6 参照）にテフロン樹脂を含浸させており，擦り減って転送面に転移する樹脂成分によって潤滑しています（固体潤滑）．さらに，冷却のためには，軸受位置を液体水素が循環するように冷却通路が設けられています．

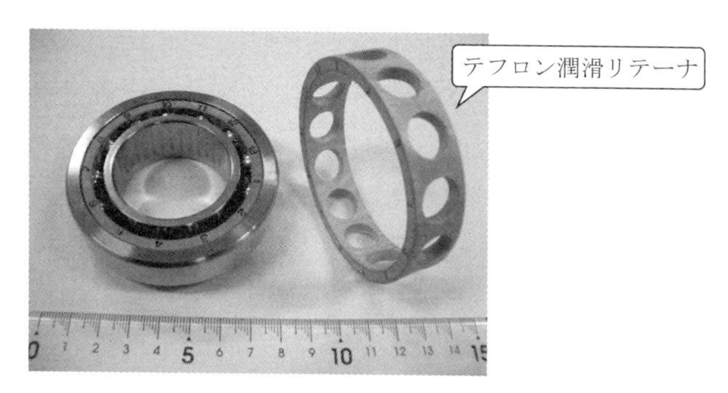

図 10.6　ターボポンプ軸受およびそのリテーナ

表 10.1 に，ターボポンプ設計のポイントを示します．いずれも，高速軸系が安定に動作するよう組立て剛性を向上させ，かつ共振振動数を運用範囲外の高域に追いやり，十分に潤滑・冷却することが基本となっています．

表 10.1　ターボポンプの設計のポイント

(1) 軸系（回転体）構成・配置：短く，軽く
(2) 軸支持構造：軸受，マウントなどが基本要素
(3) 軸系剛性，芯出し：結合，ドローボルト（弾性的締め付け）など
(1)～(3) → 危険速度に影響
(4) 軸推力調整：バランスピストン/ホールなどを活用
(5) 軸受冷却：内部循環経路・適正冷却流量を確保
(6) 軸シール・パージ：可燃流体の混合回避
(7) トルク伝達・噛合：スプライン，カービクカプリングなどを活用
(8) 組立て：変形しにくく，再現性の高い組立て方法

10.4 酸素ターボポンプ　―発火すると，設備まで燃え尽きる―

密度の高い酸素（密度 $\rho = 1140\ \mathrm{kg/m^3}$）ターボポンプならば，設計は容易なのでしょうか？ 水と同等の高密度ゆえ，高回転でなくとも，確かに容易に昇圧できます．その一方で，酸素特有の致命的な課題が存在し，設計には細心の配慮を要します．高速水素ターボポンプとは，難しさの種類が異なるものとご理解ください．

最大の問題は，酸素と水素を完全に分離し，酸素適合材料を選択することです．純酸素中では，金属・非金属を問わず，ほとんどの材料が容易に発火・燃焼（それも激しく）します．起因する事故はアメリカ，旧ソ連ともに経験しており，アポロ 1 号有人カプセルの地上試験では，酸素火災で宇宙飛行士 3 名の命が失われました．

さて，ポンプ側流体は，当然ながら液体酸素である一方，タービン駆動ガスは，水素過多の燃焼ガス（副燃焼室サイクル）あるいは純水素ガス（吸熱サイクル）ですから，これらの混合は絶対に許容できません．混合・発火すると激しく反応し，内部構造を破壊するにとどまらず，エンジンや周辺設備まで延焼することになります．酸素と水素を分離するために，ターボポンプ内部に厳重な軸封シールシステムが必須となります．いうのは簡単ですが，内部では貫通軸が回転しているため，空間を完全に分離することは不可能です．回転軸に沿って漏れることは必然で，なんとか混合を許さない設計を工夫し，実現せねばなりません．

また，水素が存在しなくとも，前述のとおり，酸素中ではほとんどの金属が容易に発火・延焼します．回転体とケーシング間の接触（=火打石），コンタミネーション（ゴミ，不純物など）噛込みによる局部発熱，キャビテーションの断熱圧縮などによって，ポンプ内部部品が発火する危険は常につきまといます．1960 年代のアメリカでは，試験設備にまで被害が及ぶ酸素火災や爆発が頻発したため，金属材料の対酸素適合性について徹底した精査が行われました．その結果，酸素中で発火や反応しない安全な金属は，金（Au），銀（Ag），白金（Pt）以外ないこと，ほかの金属をやむを得ず使う場合には，満たすべき適合条件として，

1）発火点が高いこと
2）衝撃感度が低いこと
3）熱伝導度が高く，熱を逃がしやすいこと
4）発火時，生成熱量が小さいこと
5）消えやすいこと（スラッジ，皮膜などを生成）

6) 接触時，摩擦係数が小さいこと

などが明らかになり，結果としてNi合金，Fe合金などの適合性は高いが，チタン(Ti)，マグネシウム（Mg)，スズ（Sn)，亜鉛（Zr）を多く含む材料は酸素中で激しく反応するため使用してはならないこと，などが示されています．

LE-7酸素ターボポンプの断面図，および実物カットモデルを図10.7に示します．上記を勘案した結果，Ni合金を主材料に用いたうえ，常時金属どうしが回転接触する軸受転送面には，金メッキを施しています．

問題の軸封シールですが，液体酸素で冷却する軸受と，水素過多燃焼ガスで駆動するタービンの間には，3重の酸素・水素遮断シールを設けて，微小漏洩ガスを安全に

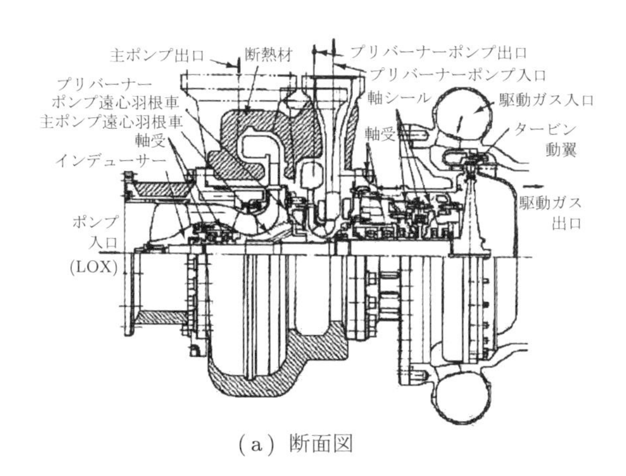

(a) 断面図

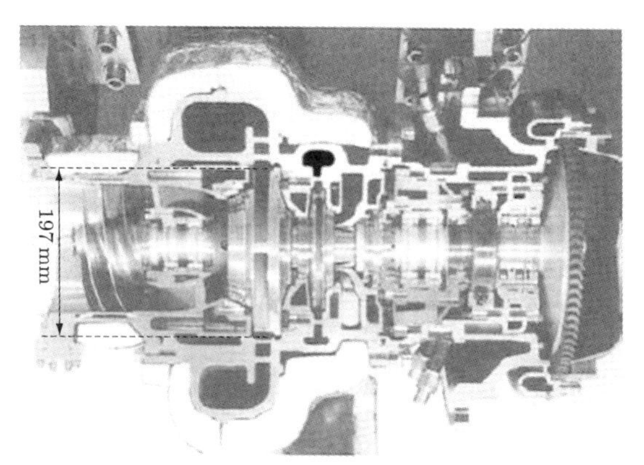

(b) 実物カットモデル

図10.7　LE-7酸素ターボポンプ ©JAXA

外部に排出するとともに，うち中間段の二連セグメントシール間には，不活性ガスであるヘリウム（He）ガスを供給・封入し，完全分離を期しています．図 10.8 には，LE-7 用高圧酸素ターボポンプの軸封シールシステムを示します．

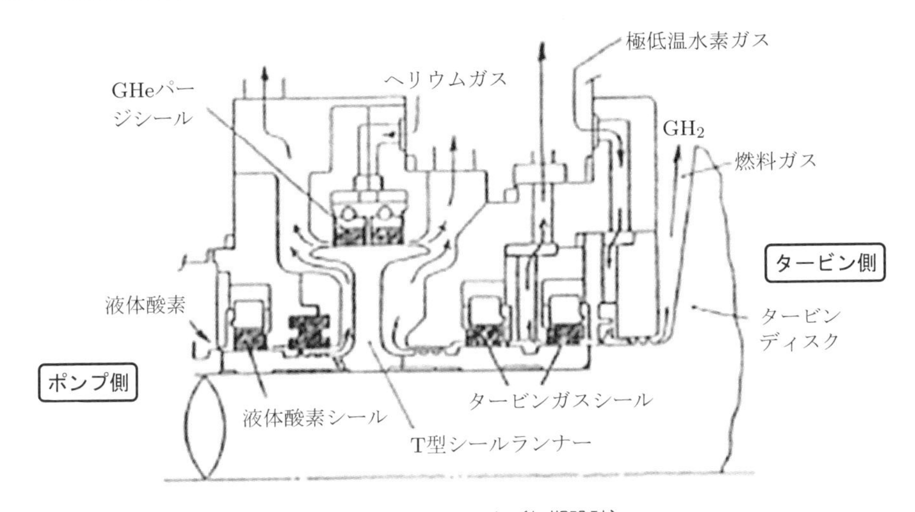

図 10.8 酸素ターボポンプの軸封シールシステム（初期設計）

（出典：ロケット用ターボポンプの軸シール，トライボロジスト第 35 巻 第 45 号 (1990) 233-238）

10.5 旧ソ連製ターボポンプの特徴 ―軽量よりも簡潔さ？ ―

回転体の隅々にまでも軽量化を徹底する設計に対して，エンジン中，ターボポンプの質量割合は 20～30%に過ぎず，ギリギリ削り込むよりは，多少大型になろうとも，余裕をもって安全に回したほうがよいとの設計思想もありえます．また，密度の異なる酸素と水素それぞれに最適回転数は異なりますが，同一軸上（したがって，同一回転数）に配置できれば，単一タービンで駆動でき，酸素と水素の立ち上がりの圧力バランスも必然的に同期できるはずです．設計意図を推測しつつ，旧ソ連の RD0120 エンジンのターボポンプ断面図，および実物カットモデルを図 10.9 に示します．RD0120 エンジンは，アメリカの SSME に概念・規模とも類似しており，ブラン（旧ソ連版スペースシャトル）打上げ用エネルギアロケットに搭載されました．

軸長～1420 mm に及ぶ巨大なターボポンプで，一見プレシオサウルス（魚竜）にも似通った印象ですが，大外径胴体部は水素ポンプで，その低密度ゆえ，周速 U を稼ぐために大口径 3 段構成インペラを内蔵しています．首長部は酸素ポンプで，酸素/水

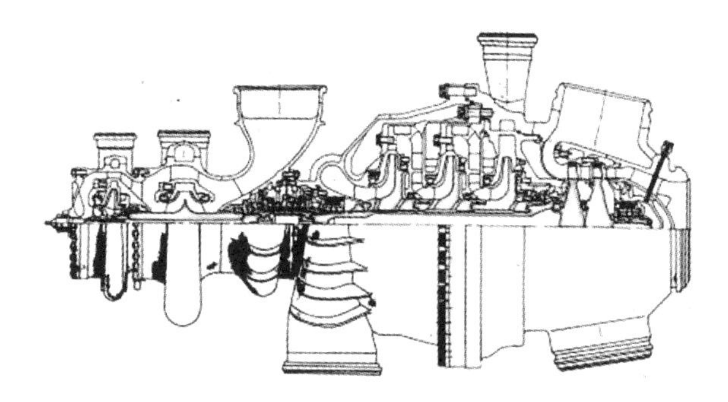

（a）断面図 (“Design Development and History of RD0120”, AIAA95-2540 (1995)より引用)

（b）実物カットモデル ©Voronezh Mechanical Plant

図 10.9　旧ソ連の RD0120 エンジンのターボポンプ

素ポンプ間は，分離シールの設計が容易となるように低圧部分で結合されています．酸素ポンプは，吐出し圧力の割に流量が多いため，アメリカの SSME 同様，両吸込み（パラレル）ポンプを採用し，N_s を低減してポンプ効率の向上を図っています．

コラム 6　ロケットエンジンサイクルの見分け方

ロケットエンジンのサイクルとは，カルノーサイクル，ブレイトンサイクルといった熱力学的サイクルとは異なる概念です．ターボポンプを装備した液体ロケットエンジンでは，ポンプを駆動するエネルギー源を準備しなくてはなりません．8.4 節で示したように，実用上大きく 4 通りに分類されますが，エンジンの外観からおおよそサイクルを推定することが可能です．見分け方を整理してみます．

(1) まず，エンジンの心臓であるターボポンプを探します．独立 2 軸か，一体型か，見分ける必要があります．
(2) ターボポンプの内部構造を推測し，タービン部，とくにタービン入口配管を特定します．低温ポンプは通常断熱材に覆われており，一方，タービン部はむき出しで熱変色していることも多いのです．また，駆動ガスはタービンで膨張するため，入口配管は厚肉ながら小口径，出口配管は比較的に薄肉，大口径となります．

(3) ここまでわかれば，上流に遡って，タービン駆動ガスがどこから供給されているか追うことができます．燃焼室冷却部から直接きていれば「吸熱サイクル」，小型燃焼室が供給源ならば「副燃焼室サイクル」ということになります．

(4) つぎに，「開サイクル」か「閉サイクル」か見分けるためには，タービン出口排気側に目を転じ，エンジン外に投棄されているか，再燃焼に利用されているかを確かめます．前者なら「開サイクル」ということになります．

いずれにしても，タービンに注目することが基本です．1 方向の外観からだけでは難しいかもしれませんが，ぜひ試してみてください．

図 10.10 は，アメリカの ASE（advanced space engine）の外観です．水素側タービンは，直結されたプリバーナの燃焼ガスで駆動されており，酸素側タービンは，やはり背面のクロスオーバ配管を通って分岐したプリバーナガスで駆動されています．タービン排気ガスは投棄されることなく，それぞれ主燃焼器に供給されていることから，このエンジンは，2 段燃焼サイクル（SC cycle）とわかります．実際，LE-7 エンジンの設計に当たっては，この ASE がよいモデルになりました．

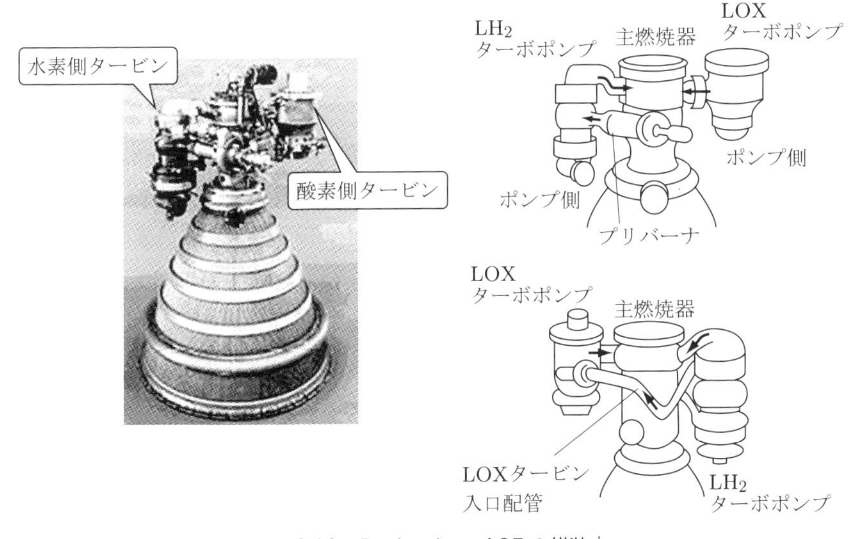

図 10.10 Rocketdyne ASE の艤装 †

† 左図：©Mark Wade, http://www.astronautix.com

終の章 宇宙輸送の将来 ―大航海時代に向かって―

LE-7 エンジンの真空中排気の速度エネルギーを馬力換算すると，前述のとおり，およそ 2.3 GW（～320 万馬力）となります．大型発電所が 100 万 kW（～130 万馬力）の規模ですから，ロケット技術とは，軽量脆弱な構造でいかに大規模エネルギーを制御するか，その限界を探る技術とも言い換えられそうです．まさに，かかる怪物どもを飼い馴らすために悪戦苦闘を強いられることになります．ところで，人類が利用しているエネルギーの大部分は太陽起源（水素核融合）なのですが，少なくとも数億年かけて地球に蓄積したその缶詰である化石燃料をわずか 200 年間で枯渇させる勢いです．

一方，その根源たる水素は，宇宙規模でもっとも豊富に存在する元素とされており，環境汚染のないエネルギー源として，燃料電池など多方面に応用拡大が期待されています．いまや液体水素の大口需要も半導体製造産業などに軸足を移していますが，たった数十年前には，ロケット燃料が唯一の用途であり，当時関係者の開拓の成果が大きく実ったものと考えています．

さて，宇宙への進出も現実となり，将来の宇宙推進系として，探査機「はやぶさ」で実証できた電気推進のほか，ソーラーセイルなどがいまをときめく話題となっており，また，宇宙エレベータなどの実現性について議論も始まっています．それでも，宇宙空間あるいは地球外天体で，どのようにして推進薬を調達するかは永遠の命題であり，月や火星などに使える規模の水が見つかるか関心が集まっています．火星には，希薄ながら二酸化炭素の大気（1/100 気圧）が存在するため，水の電気分解による水素ばかりでなく，メタンを合成する研究も行われています．木星や土星は水素の巨大ガス惑星であるところから，空気吸込みならぬ，水素吸込みエンジンが成立するかもしれません．

地球からわずか 4 日の旅程にある月は，恰好の中継港です．大気はなく，天体質量が小さい分，軌道周回速度も 1,700 m/s と低く，電磁カタパルト（リニアモータ駆動のマスドライバ）で水平方向に打出し可能です．必要速度は，地上相当 3G の加速度ならば 60 秒間，およそ 50 km の助走で獲得できます．図 1 には月面カタパルト，また図 2 には火星面補給港の想像図を示します．

しかし，これらはすべて太陽系内の話です．視界を転じれば，太陽自体，わが銀河渦巻星雲中のありふれた辺境の一恒星に過ぎず，銀河系の恒星の総数は 2,000 億個に余るとされています．そのなか，たったお隣の恒星（4.3 光年）にさえ，現状の輸送概念の延長ではとても手が届きません（コラム 7 参照）．大航海時代にも，海を渡りきって初めてその意義を見出すことができました．後世の革新的技術進化にはおおいに期待を膨らませたいところです．

図 1　月面カタパルト ©JAXA

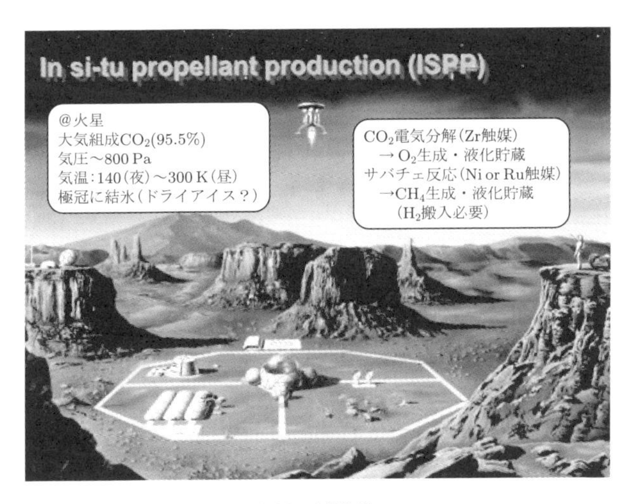

図 2　火星面補給港 ©JAXA

コラム 7　ボイジャー探査機の行方

やはり，宇宙の奥行きを語るにはボイジャー探査機兄弟（NASA Voyager 1 号，2 号，図 3）に触れぬわけにはいきません．1977 年，タイタンロケットによって打ち上げられ，史上，もっとも遠隔宇宙に達した人工物体です．現在では，およそ半径 150〜180 億 km の太陽系をほぼ脱出したと考えられています．火星以遠ともなると，太陽発電パネルは使い物になりません．そこで，深宇宙探査機の電源には，放射性同位体熱電池（RTG：radio isotope thermal generator）を使うことが常套です．半減期 88 年の電池はかなり消耗していますが，まだ生きており，もうしばらくは通信が可能ということです．

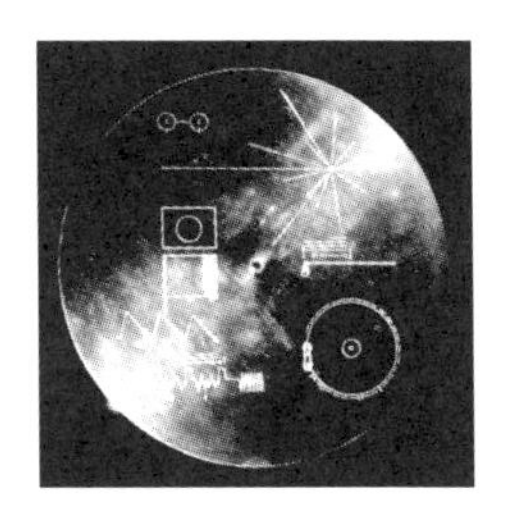

（a）イメージ図とレコード盤

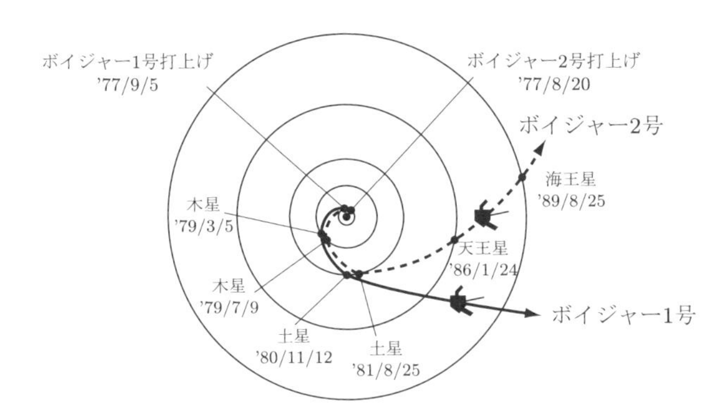

（b）飛行経路

図 3　ボイジャー探査機 ©NASA

速度はおよそ 17,000 m/s，つまり地球周回速度の 2 倍以上に達し，40 年近く航行しています．仮にまっすぐ向かっているとして，最寄りの恒星 α ケンタウリには，いつ到達できるでしょうか？ どうしても気にかかり，計算してみました．いくらなんでもたったお隣に，1,000 年もあれば着くのではないかという甘い期待でした．計算結果は，無残にも 7 万 5 千年以上先．出かけるに，まだ靴を履いたばかりの印象です．

見えない宇宙（暗黒物質）はともかく，見える宇宙に関する限り，恒星の周辺以外スカスカで，わずか質量の凝縮した天体は，宇宙のオアシスとも思えます．いずれにしてもこの時間規模になると，探査結果を待つよりも，人類生存の心配をしたほうがよさそうです．

たった5,000年前（？）のピラミッドも何のためにつくったか忘れられています．それどころか，ボイジャーの搭載しているレコード盤すら，いまや地球では容易に再生できないかもしれません．将来，ハードディスクドライブの化石（？）が見つかったとして，復元には手を焼くだろうといまから心配しています．

あとがき

大学院修士課程の実験テーマとして，「水素の超音速燃焼」に取り組み，振り返ればたった2年間の研究ながら，これが水素との出会いとなりました．水素との取組がその後35年にわたるライフワークとなろうとは，当時想像もしないことでした．最初の機会をいただいた東京大学名誉教授 木村逸郎先生，先達の今城 実博士，研究の相棒であった加藤 学氏に，まず懐かしく謝意を表します．

そのうえで，わが国初の水素ロケットエンジンLE-5の開発に当たられた先輩諸氏，また続く大型高圧エンジンLE-7の開発に苦楽をともにしたNAL角田支所，三菱重工業・石川島播磨重工業をはじめ，関連企業の皆さま方には，感謝とともに敬意を表したいと思います．とくに，上條謙二郎 東北大名誉教授（当時，航空宇宙技術研究所室長）は，開発立ち上げを主導いただくとともに，研究者の立場ながら，傍目にも危ういと思われていた酸素ターボポンプの開発担当を買って出られ，自ら推進されたことは，わが国の主力ロケット実現の伏線となりました．「トラブルに遭遇して皆が熱くなったら，3歩下がってあたりを見回せ」などの叱咤が，いまだに耳に残ります．また，何度提案しても軽く却下されていた失意の時代，会食の場でおずおずと手渡した「高圧ブースタエンジン開発基本構想」に深く共感を示され，H-Ⅱロケット開発に至る突破口を開かれた，当時NASDA計画管理部H.Y副主任も忘れられない存在です．その後，おそらく社内の軋轢で若くして職を去られたことは，くれぐれも残念なことでした．「墓場まで」などと言わず，ぜひ記憶を伝えていただきたいものです．

ライフワークとは言いながら，LE-5/H-Iロケット，LE-7/H-Ⅱロケットと，たった2サイクルの開発経験にとどまります．おそらくいずれの時代にも，開発の第一線の技術者は，時間とストレスに追われるものであり，古くは帝国海軍巡洋艦が1隻進水するたびに，技術者1名が精根尽きて亡くなったと聞いたことがあります．

1991年8月9日早朝，三菱重工業から緊急電話を受けました．深夜のエンジン検査中に金谷有浩氏（23歳）が殉職されたという知らせでした．その電話の相手，長谷川恵一氏もその後病を得られ，故人（58歳）となりました．粉骨の貢献を果たし，礎となられた石川島播磨重工業の大木俊英氏（38歳），北村 彰氏（39歳），また，宇宙開発事業団の谷口浩文氏（53歳）を含め，深く哀悼の意を表するとともに，確かに書き記しておきます.

なお, 本書は, Web 上討論の場「シノドス」に掲載された記事をきっかけに執筆することになりました. お世話いただいたシノドス編集部の金子 昂氏, JAXA 柳川孝二氏, また今回執筆構想をともに練り上げていただいた森北出版の塚田真弓氏, 藤原祐介氏に深くお礼を申し上げます.

参考文献

1) LE-7 エンジンの設計について —1 次設計結果— (1985.12)
2) "Rocket Propulsion Elements", G. P. Sutton, O. Biblarz Wiley Interscience, (1962)
3) 「ロケット工学」, 木村逸郎, 養賢堂 (1994)
4) Design of Liquid Propellant Rocket Engines, NASA SP-125 (1971)
5) "Modern Engineering for Design of Liquid Propellant Rocket Engines", D. K. Huzel, AIAA Vol.147
6) Hydrogen Thermophysical Property, NASA SP-3089
7) Oxygen Thermophysical Property, NASA SP-3071
8) NASA Liquid Rocket Engine Design Criteria
   SP-8087 "Fluid-Cooled Combustion Chamber"
   SP-8107 "Turbopump Systems"
   SP-8120 "Nozzle"
   SP-8109 "Centrifugal Flow Turbopumps"
   SP-8052 "Turbopump Inducers"
   SP-8110 "Turbines"
   SP-8081 "Gas Generators"　など
9) "History of Liquid Propellant Rocket Engines", G. P. Sutton, AIAA (2006)
10) シノドス：初学者のためのロケット開発史入門, 青木宏 (2014)
    http://synodos.jp/science/6883
11) 「ロケットターボポンプの研究・開発 —35 年間の思い出」, 上條 謙二郎, 東北大学出版会 (2013)
12) 「ロケットエンジンの構造及び設計」, 東京大学工学部航空宇宙学科講義録 (2004-2013)
13) 「液体ロケットエンジンの設計手法と起動特性に関する研究」, 青木 宏, 東北大学博士論文 (2006)
14) 「LE-7 ロケットエンジン主噴射器における INCO718 溶接継手の強度信頼性向上に関する研究」, 長谷川恵一, 東京工業大学博士論文 (1995)
15) 「高圧液酸・液水ロケットエンジン開発上の技術的問題について（SSME 不具合事例）」, 冠, 若松, 都木恭一郎, NAL TM-523 (1983)
16) 各種ロケットエンジンカタログ, brochure
17) https://utrs.nasa.gov/
18) 宇宙開発事業団 角田ロケット開発センター開所 20 周年記念誌 (1998)

19) Combustion Device Failures during SSME Development, 5th International Symposium Liquid Space Propulsion (2003)
20) "Space Shuttle Main Engine – Thirty Years Of Innovation" Fred H. Jue, The Boeing Company, Rocketdyne Propulsion & Power Canoga Park, California USA
21) "LE-7 CRYOGENIC ROCKET ENGINE FOR H-II LAUNCH VEHICLE", H. Aoki, Y. Yamada, K. Kamijo, IAF85-162 (1985)
22) 「ロケット用高圧液酸・液水ポンプの研究」, 上條, 渡辺, 青木, 日本航空宇宙学会論文集, Vol.31, pp.569-573 (1983)
23) 「液酸・液水エンジンターボポンプシステムの開発研究」, 大塚, 上條, 冠, 橋本, 野坂, 山田, 志村, 鈴木, 渡辺光男, 渡辺義明, 長谷川, 菊池, 中西, 十亀, 藤田, 森, 谷口, 勝田, 山田, 鈴木, 平田, 斉藤, 青木, NAL/NASDA 共同研究報告書 (1980)
24) 「極低温上段エンジン用ターボポンプの設計および開発, 日本航空宇宙学会論文集」, 青木, 志村, 藁科, 上條, Vol.52, pp257-264 (2005)
25) 「SubLEO 再使用ロケット実験構想試案」, 平成 15 年度宇宙輸送シンポジウム, pp.162-165 (2004)
26) "CONCEPT STUDY OF HIGH-RELIABLE LH2/LOX ROCKET ENGINE FOR REUSABLE EXPERIMENTAL VEHICLE", H. Aoki, M. Fukuzoe, Y. Naruo, M. Yoshida, T. Kanda, K. Hasegawa, M. Yasui, H. Kure, IAC-05-C.4.1.08
27) 「スペースシャトル主エンジン (SSME) 不具合の特徴」, AIAA-87-1939
28) "The Mars Project", Wernher Von Braun, University of Illinois Press (1953)
29) Aviation Week & Space Technology (航空宇宙専門誌)
30) 「ステルス戦闘機 —スカンク・ワークスの秘密—」, ベン・R. リッチ, 講談社 (1997)
31) 「ロケットを飛ばす」上條謙二郎, 平田邦夫, オーム社 (1994)
32) 「液体水素の貯蔵と輸送」花田, 岡崎, 岡本, 低温工学 Vol.14, No.1 (1979)
33) Joint Propulsion Conference 資料 (2007)
34) 関連図鑑
35) 手塚治虫氏「火の鳥 (黎明編)」COM (1967)
36) 「宇宙空間をめざして —V2 物語—」, W. Dornberger 原著, 松井巻之助 訳, 岩波書店 (1967)
37) RL10: 3 decades of space engine evolution, capabilities for the future (P&W), AIAA91-3622
38) Snecma-Direction de la communication-Edition 1999
39) 15th National SAMPE Technical Confernce 資料
40) AIAA93-2564 NASP Integration Fuselage/ Program
41) R. Beichel, "Advancement in Chemical Rocket Technology", Thirties congress of the International Astronantical Federations, 79-IAF-01

42) “Elements of Gas dynamics”, H. M. Lipmann and A. Roshko, John Wiley & Sons, Inc.（1960）
43) 「ロケット用ターボポンプの軸シール」, 野坂, 尾池, トライボロジスト, 第35巻, 第4号（1990）233-238
44) “後段階H-Iロケットのブースタエンジンのトレードオフスタディ”, 宇宙輸送シンポジウム (1982)
45) “Space Launcher Liquid Propulsion”, 4th International Conference on Lanncher Technology, 3-6 December 2002, Liege, Belgium
46) https://www.grc.nasa.gov/WWW/CEAWeb/ceaHome.htm
47) “IBM computer Program for Rocket Performance”, NASA TN-D1454 (1962)
48) “Design Development and History of RD0120”, AIAA95-2540 (1995)
49) Request for Information, Next Generation Engine, USAF Sep.27 (2010)
50) https://www.nasa.gov/centers/armstrong/home/index.html
51) “X-33 Reusable Launch Vehicle Demonstrator, Spaceport and Range”, AIAA Space 2011 Conference
52) SSME presskit
53) 「フランスの極低温推進技術」, 黒田, 大塚, 秋葉, 日本航空宇宙学会誌, vol.24, no.265（1976）
54) “Fabrication of GRCop-84 Rocket Thrust Chambers”, NASA Glenn Research Center (2006)
55) “Liquid Propellant Rocket Combustion Instability”, NASA SP194 (1972)
56) “Comprehensive Review of Liquid-Propellant Combustion Instability in F-1 Engines”, J. of Propulsion and Power, vol.9, no.5 (1993)
57) AIAA-82-1103, J. Johnson and H. I. Colbo, “Full power development of the space shuttle main engine”, 18th AIAA/SAE/ASME Joint Propulsion Conference, 1982

索　引

■英数字■

2 段式軌道到達機　42
3 次危険速度　58
α ケンタウリ　138
AJ10-118FJ エンジン　26
ASE　135
BFT　52
BP（沸点）　88
burn-out　38
C^*　113
CAN　41
CB サイクル　92
CDR　51
CEA　118
CFT　52
controlled-reentry　39
depletion cut-off　39
EX サイクル　92
F-1 エンジン　111
Falcon 9 Reusable　44
FESTIP　41
FMEA　61
FRR　35
FTA　61
GG サイクル　92
gimbaling　33
GPS 測位　34
growth factor (GF)　31
H-I ロケット　26
H-Ⅱ ロケット 1–8 号機　40
H-Ⅱ ロケット 5 号機　40
HM7 エンジン　23
HPFTP　124
HPOTP　124
ICBM　18
INCO718　68
J2 エンジン　22
JAXA　56
kick down　29
kick rate　29
LE-5 エンジン　23
LE-7 エンジン　23
LE-7 エンジン燃焼試験設備　62
LE-7 酸素ターボポンプ試験設備　62
LE-7 水素ターボポンプ試験設備　62
LE-X エンジン　57
LEO　8
MB-3 block Ⅲ エンジン　121
mid-course maneuver　37
mission　83
mission 要求　83
MP（融点）　88
M ロケット　26
N（標準状態）　88
N-Ⅱ ロケット　26
NARloy-Z　116
NASA SP8*** Design Criteria（設計基準）　108
NASA グレン研究センター　118
NASDA　25
NASP　41
OTV　43
PDR　51
PM（プロジェクトマネジャー）　54
PQR　51
PSR　35
QFD　46
RD0120 エンジン　133
RD180 エンジン　31
RL10 エンジン　21
RLV　41
RLV 実験機 X-33　41
RS-27A エンジン　121
RS68 エンジン　23
RTG　138
SC サイクル　92
SE（システムズエンジニアリング）　45
shutdown　28
Space-X 社　44
SRB　37
SRR　51
SSME　23

SSTO　31
sun orientation　23
swing-by　14
TSTO　42
V-2 ミサイル　18
velocity cut-off　39
Venture Star 計画　41
Vulcain エンジン　23
WBS　53

■あ　行■

アクチュエータ　34
圧力複式タイプ　127
アトラス V ロケット　31
アビオニクス　33
アボート能力　43
アポロ月面着陸計画　22
アリアン Ⅳ ロケット　23
アリアン V ロケット　23
亜臨界圧力下　113
アルコール　92
安全規制　36
アンビリカル　35
インターフェイス　48
インデューサ入口軸方向流速　103
インデューサ周速　103
インペラ　124
ウォームアップ　21
打上げウィンドウ　36
打上げ気象条件　37
打上げサービス塔　35
打上げシーケンス　38
打上げ前最終審査　35
宇宙エレベータ　14
宇宙開発事業団　25
宇宙科学研究所　26
運輸多目的衛星　71
運用コスト　84
運用性　84
エアロンチ　9
液体エンジン　18
エクスパンダサイクル　21
エネルギアロケット　133
遠隔操作　60
エンジン再着火技術　56
エンジンシステム系統図　108
エンジン質量　84
遠心破壊　102
エンジン包絡サイズ　106
遠心ポンプ　58, 123
遠地点　11
遠地点キック　12
応力外皮構造　17
オービタ　31
おまけ的成功要件　47
音響的な共振周波数　95

■か　行■

加圧ガス質量　103
回帰係数　127
開サイクル　91
開発完了審査　35
開発コスト　84
開発仕様書　48
海面上　58
海洋科学技術センター　71
化学反応式　118
化学ロケットエンジン　4
ガガーリン　22
拡散火炎　67
角田ロケット開発センター　56
過酸化水素　92
ガスジェネレータ　66
火星計画　54
画像監視　60
カタパルト　30
可燃ガス漏洩検知器　60
可燃限界　19
カービクカプリング　130
慣性航法　34
慣性飛行　23
間接誘導　33
ギア結合　128
機体各段構成　83
気柱共振現象　114
軌道投入手順　38
軌道変換機　43
起動用火工品　67
キャビテーション　102
吸熱サイクル　91
局部的高温　114
緊急停止　60
近地点　11
近地点キック　12
空気吸込み式極超音速エンジン　41
空力加熱　28
クラスタ方式　18
クラック　68

クリティカルパス　53
グリーンラン　63
計画飛行軌道　29
経路角　28
ケロシン（灯油）　31
高空燃焼試験設備　56
航空宇宙技術研究所　25
後段階 H-I ロケット　57
高度補償ノズル　98
高熱伝導度　115
降伏応力　114
航法　32
高密度推進薬　85
枯渇時質量　10
極低温系　87
故障解析　61
故障モード　69
固体エンジン　18
固体火薬カートリッジ　67
固体潤滑　130
固体ロケットブースタ　6, 37
コロリョフ　54
混合比（MR）　88
混合割合　18
コンタミネーション　131
コンティンジェンシー計画　53

■さ　行■

再現実験　61
最終カウントダウン　37
最終速度　9
再使用打上げロケット　41
最小着火エネルギー　19
最適膨張　95
再発防止　61
サターン V 型ロケット　22
酸化剤ドーム　111
酸欠検知器　60
酸素適合材料　131
残留推進薬質量　103
軸受寿命　129
軸受の設計限界（DN 値）　129
軸受リテーナ　130
軸振動　129
軸封シール　131
軸流タイプ　123
シーケンサ　37
試験飛行　35
自在ジョイント　34
システム動特性シミュレータ　56
実用衛星　25
自動カウントダウン　37
自爆装置　40
射場輸送前審査　35
斜流化　72
周回軌道速度　8
重力ターン　29
ジュール・ベルヌ　16
詳細設計審査　51
衝動タービン　127
衝突型　111
指令破壊　39
人員退避　36
振動環境　34
信頼性　84
吸込み性能試験　72
推進薬　16
推進薬組合せ　18
推進薬タンク　16
推進薬搭載質量　6
推進薬弁　66
水素インデューサ　72
水素核融合　136
水素過多燃焼ガス　68
水素脆性　58
垂直衝撃波　95
水平展開　61
推力係数　94
ステージクラスタ　18
ステージ燃焼試験　52
スプートニク 1 号　22
スプライン　130
スペースシャトル　23
スラッジ　131
スロート面積　94
制御　33
成功要件　47
静止円軌道　11
製造コスト　84
整流ベーン　72
析出硬化材料　69
石油系　87
石油系燃料　87
設計基準　108
遷移楕円軌道　13
旋回キャビテーション対策　72
セントールロケット　21
速度増分 ΔV　9

ソユーズ A4 ロケット　30
ソーラーセイル　136

■た　行■

第 1 宇宙速度　8
第 2 宇宙速度　27
大気層　27
大気抵抗　28
タイタンロケット　138
太陽電池パネル　36
多孔質金属面　21
多孔質焼結金属　114
多段化　124
多段ポンプ　124
タップオフサイクル　92
種子島宇宙センター　62
種子島発射場　30
タービン　66
タービン圧力比　126
タービン駆動ガス流量　126
タービン効率　126
タービンスピナ　67
タービン速度比　126
タービン発生パワー　125
ターボポンプ　16
ターボポンプ加圧方式　90
タンク加圧方式　90
タンクヘッドスタート　56
単段式軌道到達機　31
断熱火炎温度　118
断熱材　134
地球自転速度　9, 30
チタン合金　128
チャレンジャー事故　31
チューブ構造冷却ノズル　114
長楕円軌道　11
直接誘導　33
ツィオルコフスキ　5
ツィオルコフスキの式　9
通信放送実験衛星 COMETS　70
定圧比熱　126
ディフューザ　124
デブリ　14
テフロン樹脂　130
デルタ Ⅳ ロケット　23
デルタロケット　26
テレメータ　71
点火器　112
電気推進　4
電波誘導　34
凍結流　120
搭載電子機器　33
同軸型　111
銅製溝構造燃焼室　70
東北地方太平洋沖地震　65
特性排気速度　113
トラス構造　17
ドローボルト　130

■な　行■

ナブスタ　34
二液系　87
二重壁構造　21
二連セグメントシール　133
認定試験　35
認定試験後審査　51
熱応力　21
熱交換器　23
熱収縮　67
熱衝撃　21
熱負荷　20
燃焼圧力　18
燃焼安定　18
燃焼ガス組成　118
燃焼時間　6
燃焼室　16
燃焼室の寿命　114
燃焼振動　95
燃焼到達温度　118
燃料ドーム　111
ノズルスロート面積　96
ノズル出口面積　96
ノズル内部圧力比　95
ノズル内マッハ数　95
ノズル膨張頂半角　117
ノズル膨張比　96
ノミナル軌道　33

■は　行■

配管系統図　91
パーキング軌道　14
爆発限界　67
剥離　93
剥離限界　96
パージ　130
発熱量　18
発泡断熱材　23
バランスピストン/ホール　130

反応定数 118
飛行中断 39
比推力 5
ヒドラジン二液系推進薬 87
比熱 19
比熱比 126
皮膜 131
品質機能展開 46
ヒンデンブルグ号 20
フェアリング 16
フォン・ブラウン 41
副燃焼室 91
副燃焼室混合比 93
副燃焼室サイクル 91
ブースタエンジン 58
フッ素 22
ブラン 133
ブレーンストーミング 49
プロジェクト 46
プロジェクト計画書 48
プロパン 22
分岐・集合管 117
噴射 111
噴射エレメント 111
噴射面板 111
平均分子量 19
平衡反応 119
平衡流計算 117
閉サイクル 91
ベイパーロック 67
ペイロード 10
ヘリウム 66
ベルヌーイの原理 124
保安距離 62
ボイジャー探査機 138
放射線 34
膨張ノズル 18
膨張波 95
飽和蒸気圧 105
ホーマン軌道 11
ポンプ吐出し圧力 67
ポンプ比速度 123
ポンプ必要パワー 125

■ま 行■

マスドライバ 136
マニホルド 117
水・漏れ・シーケンス 66
密度 19
民営化 58
迎え角 29
メタン 22
モックアップ模型 58

■や 行■

有効 NPSH 84
誘導 32
溶接 58
予備設計審査 51
予冷 67

■ら 行■

落下海域 39
リニアエアロスパイク 41
リフトオフ 21
流量計 81
流量係数 72
領収燃焼試験 35
両吸込みポンプ（パラレルポンプ） 124
ルナ 9 号 7
冷却 18
冷却管 21
冷媒 91
ロウ接不全 70
ロケットエンジン実験設備 61
ロケット全備質量 6
ロッキード SR71 偵察機 41
ロッキードマーチン社 41
露点計測 66

■わ 行■

ワイヤハーネス 70

著 者 略 歴

青木　宏（あおき・ひろし）

1952年　山口県生まれ
苫小牧西小学校，山口県富田西小学校，富田中学校，県立徳山高校を経て

1971年　東京大学理科1類に入学

1979年　東京大学工学系研究科航空学専攻修士課程修了
宇宙開発事業団（現 宇宙航空研究開発機構）入社
H-I ロケット2段用 LE-5 エンジンの開発，高圧酸素／水素エンジン LE-X の研究，H-II ロケット1段用 LE-7 エンジンの開発，再使用型輸送機の研究／月着陸機の研究ほかに従事

2006年　東北大学大学院にて，博士号（工学）取得

2004年～2013年　東京大学工学部非常勤講師（兼任）

2013年～2019年　名古屋大学大学院工学研究科特任教授

現　在　日本航空宇宙学会 fellow
つくば市在住

編集担当　藤原祐介（森北出版）
編集責任　石田昇司（森北出版）
組　　版　アベリー
印　　刷　ワコープラネット
製　　本　協栄製本

ロケットを理解するための10のポイント

2017年5月19日　第1版第1刷発行
2019年8月23日　第1版第2刷発行

著　　者　青木　宏
発 行 者　森北博巳
発 行 所　**森北出版株式会社**
東京都千代田区富士見1-4-11（〒102-0071）
電話 03-3265-8341／FAX 03-3264-8709
http://www.morikita.co.jp/
日本書籍出版協会・自然科学書協会　会員
JCOPY ＜（社）出版者著作権管理機構 委託出版物＞

落丁・乱丁本はお取替えいたします．

Printed in Japan ／ ISBN978-4-627-69131-5